Angelika Schweizer

Mein Weg mit Dir

Angelika Schweizer

Mein Weg mit Dir

über die große Liebe zu einem Pferd

spirit Rainbow Verlag

ISBN-10: 3-940700-52-5
ISBN-13: 978-3-940700-52-0

Erstausgabe 2012

Coverbild und Fotos: Privatarchiv der Autorin

Herstellung: Druck- & Verlagshaus Mainz GmbH, Aachen

spirit RAINBOW Verlag

spirit Rainbow Verlag UG haftungsbeschränkt
Buchauslieferung & Autorenbetreuung

Süsterfeldstraße 83
52072 Aachen

E-Mail: info@spirit-rainbow-verlag.net
www.spirit-rainbow-verlag.de
www.motibooks.de

Inhalt

Danksagung

Dieses Buch konnte ich nur durch die Unterstützung meines Mannes, Marcus Burkert, schreiben, der es mir ermöglicht hat, dass ich heute mit meinem Pferd so leben kann, wie ich es mir immer gewünscht habe und der mir auch Mut gemacht hat, mit meinem Pferd einen völligen Neubeginn zu starten, ein Wagnis, bei dem zunächst nicht klar war, wie es ausgehen würde. Ihm bin ich zu Dank verpflichtet.

Natürlich gilt mein großer Dank auch meiner Stute „Etienne“, die mir gezeigt hat, was das Leben ausmacht, die mich Geduld gelehrt hat und mich spüren lässt, was Liebe wirklich ist.

Angelika C. Schweizer
April 2012

Vorwort

„Mein Weg mit Dir“ besang vor vielen Jahren schon die italienische Sängerin Milva. In diesem Lied ging es über die Beziehung zu einem anderen Menschen. Es gibt zahlreiche Bücher über Lebenserfahrungen, Schicksale wie der Verlust eines Kindes oder eines Ehepartners, die einen beim Lesen zutiefst berühren, so dass sich vielleicht manch ein Leser fragen wird, was einen wohl erwartet, wenn über eine Beziehung zu einem Pferd geschrieben wird.

Auch wenn Pferde in rechtlicher Hinsicht wie Sachen bewertet werden und ein ganz junges Urteil des Bundesgerichtshofs entschieden hat, dass die Rechtsprechung zu Schmerzensgeldansprüchen in Fällen psychisch vermittelter Gesundheitsbeeinträchtigungen mit Krankheitswert bei der Verletzung oder Tötung von Angehörigen oder sonst nahestehenden Personen, sogenannte Schockschäden, nicht auf Fälle psychischer Gesundheitsbeeinträchtigungen im Zusammenhang mit der Verletzung oder Tötung von Tieren zu erstrecken ist, kann eine Beziehung zu einem Tier genau so intensiv sein wie zu einem Mensch, wenn nicht sogar noch tiefer.

Diese Mensch-Pferd-Beziehung bekommt man nicht geschenkt, man muss sie sich mit Fairness und Achtung erarbeiten und wenn sie einmal aufgebaut ist, muss man sie auch erhalten. An diesem Erhalt muss man ständig arbeiten. Dies ist wie in einer Ehe. Auch hier gibt es Krisen, die es zu meistern gilt, oftmals ist man sich in manchen Dingen nicht einig, muss Kompromisse suchen, man darf den Partner nicht zu Dingen zwingen, die er nicht möchte und man sollte keinesfalls versuchen, den Partner nach seinen Idealvorstellungen zu verbiegen. Wenn aber ein gutes Fundament da ist, profitiert man von dieser Zweisamkeit, man erlebt die schönen Dinge des Lebens gemeinsam und geht einfach viel glücklicher durch das Leben.

Selbst wenn Sie also kein Reiter sein sollten, oder kein eigenes Pferd besitzen oder gar überhaupt keinen Bezug zu jeder Art von Tier haben, wird es sich auch für Sie lohnen, dieses Buch zu lesen. Für all diejenigen, die der Reiterzunft angehören und ihr Pferd als „Partner“ und nicht als „Sportgerät“ ansehen, ist dieses Buch sowieso ein Muss.

Kapitel 1

Hier und heute

Bevor ich Ihnen erzähle, wie ich zusammen mit meinem Pferd dahin kam, wo ich jetzt bin, möchte ich Ihnen zeigen, wie wir heute gemeinsam durch das Leben gehen. Wenn Sie am Ende dieses Buches angekommen sind, selbst Pferdebesitzer sind und sich wünschen, mit Ihrem Pferd auch das zu erleben, was ich täglich erleben darf, dann darf ich Ihnen sagen, auch Sie schaffen das, selbst wenn es unter Umständen lange dauern kann. Haben Sie Geduld und geben Sie nicht auf.

Ich habe 42 Jahre in der Nähe von Stuttgart gelebt und bin daher eigentlich ein Stadtmensch. Der wöchentliche Stadtbummel in der Landeshauptstadt gehörte damit zu meinen festen Gepflogenheiten. Nunmehr lebe ich in der Gemeinde Rosengarten, die aus mehreren Teilorten besteht. Kein Ort hat mehr als ungefähr 800 Einwohner, in meinem kleinen Örtchen gibt es gerade einmal einen Metzger. Im nächsten Ort gibt es einen Supermarkt und einen Bäcker. Das Ganze ist durchaus als überschaubar zu bezeichnen.

Die Luft die hier herrscht, ist durchaus als „würzig-herb“ zu bezeichnen, das am häufigsten gesehene Fahrzeug ist der Traktor, der die Gülle auf die Felder ausfährt. Die Nachbarschaft besteht überwiegend aus Rindern, Schafen, Ziegen und Enten.

Bevor ich hier hergezogen bin, wurde ich vielfach darauf angesprochen, ob ich mir das auch gut überlegt habe, denn wir wohnen hier wirklich sozusagen am Ende der Welt. Hier trifft man sich nicht kurz einmal mit Freunden auf einen Kaffee, da man von Stuttgart bis hier her schon gut 1,5 Stunden Fahrtzeit rechnen muss. So habe ich also mein gesamtes Umfeld, das ich über Jahrzehnte aufgebaut hatte hinter mir gelassen. Ich habe mir oft die Frage angehört: Willst Du das alles wirklich aufgeben nur für ein Pferd? Diese Frage konnte ich sehr schnell eindeutig mit „Ja“ beantworten.

Ich habe jetzt sozusagen das Business-Kostüm gegen eine Latzhose ausgetauscht, da ich jeden Morgen beide Pferde selbst miste. Sie werden es nicht glauben, aber das macht mir Spaß und entspannt mich ungemein. Mein großes Auto habe ich gegen ein kleines eingetauscht, da meine tägliche Fahrtstrecke zum Bäcker und zurück ca. 4 Kilometer beträgt. Im Grunde habe ich mein Leben „entschlankt“, lebe aber heute viel glücklicher, weil ich mit meiner großen Liebe, meinem Pferd täglich zusammenleben darf, hier finde ich den Sinn im Leben. Natürlich kann ich mein Chanel-Kostümchen noch nicht ganz in die Ecke legen, denn ich bin ja noch berufstätig und beim Gericht in einer Latzhose zu erscheinen, wäre doch etwas zu vermessen, so dass ich hin und wieder schon „business casual“ trage.

Wir, das sind mein Mann und ich, meine 16-jährige Oldenburger Stute Etienne und meine 9-jährige spanische Stute Estrella sowie unsere französische Bulldogge Artax. Wir leben zusammen auf einer Anlage, die aus einem Wohnhaus mit Büroräumen, einer Reithalle, einem Laufaktivstall, einem großen Garten mit Fischteich und einem Hektar Koppel besteht. Das Ganze im Fachwerkhausstil gehalten und wir genießen zusammen die schönen Dinge des Lebens, wenn wir nicht gerade arbeiten, was leider doch recht oft vorkommt, da mein Mann und ich gemeinsam seit vielen Jahren eine Anwaltskanzlei betreiben.

Wir leben nunmehr beinahe ein Jahr in Rosengarten und wenn ich gelegentlich in die Landeshauptstadt fahre, um dort einen Gerichtstermin wahrzunehmen, fällt mir förmlich auf, wie laut und hektisch es dort zugeht, so dass ich gerne wieder in meine ländliche Idylle zurückkehre. Alle rennen in Anzug mit Krawatte und Handy herum und sind „very busy", während hier der Beamte im Rathaus in seinen Birkenstock-Schuhen vor einem steht und nicht den Ansatz von Hektik oder Stress verbreitet.

Die Uhren drehen sich hier noch deutlich langsamer, hier gibt es keine langen Schlangen im Supermarkt, man kennt sich mit dem Namen.

Ich räume ein, dass man diese Art zu leben auch wirklich wollen muss, denn es bleibt einem keine Zeit mehr für großartige Ausflüge, Treffen mit Freunden oder gar Urlaub. Das Leben mit Pferden und meine berufliche Tätigkeit als Anwältin füllen den Tag komplett aus. Für mich war das aber eine ganz bewusste Entscheidung, die ich mit allen Konsequenzen trage und die ich noch keinen Tag bereut habe.

Kapitel 2

Mein Weg zu Dir

Viele Menschen, die ein Pferd besitzen, reiten bereits von Kindes Beinen an oder haben zumindest einmal in ihrer Jugend einen Bezug zu einem Pferd gehabt. Für viele Mädchen ist ja der Umgang mit Pferden der Himmel auf Erden und es gibt zeitweise zumindest nichts Schöneres als ein Pferd reiten zu dürfen. In den Ställen tummeln sich ja die 12 bis 14-jährigen Mädchen geradezu, ganz erpicht darauf eine Reitbeteiligung zu erhaschen. Oftmals wird sogar bei Zeiten der Traum vom eigenen Pferd von den Eltern ermöglicht, was nicht selten darin endet, dass das Pferd nach geraumer Zeit, weil der Teeny nun andere Interessen hegt, auf den Abstellgleis kommt. Selbst die ganz Kleinen beginnen im zarten Alter von 5 bis 6 Jahren schon mit dem Voltigieren und seit Prinzessin Lilliyfee geboren wurde, ist sowieso jedes Mädchen Feuer und Flamme, wenn es um ein Pferd geht.

Bei mir war das nicht so. Als Einzelkind geboren, lasen mir meine Eltern natürlich jeden Wunsch von den Lippen ab. So war einmal Ballettunterricht angesagt, dann wollte ich wieder in die Karateschule gehen, habe mich in Gitarren- und Blockflötenunterricht geübt und schließlich bin ich beim Tennis spielen hängen geblieben.

Bei dem Thema Tier allerdings blieben meine Eltern stur. Bereits in jungen Jahren wollte ich unbedingt einen schwarzen Cocker Spaniel haben, das war in meiner Jugendzeit immer mein Traumhund, ich versicherte meinen Eltern ich würde auch alles selbst mit dem Hund machen, meine Eltern müssten sich nicht kümmern, dennoch blieben sie stur.

Da meine Mutter schon immer ein ziemlich ängstlicher Typ war, so glaube ich, hätte sie mir Reiten lernen auch gar nicht erlaubt. Noch heute, wenn ich mit ihr telefoniere und ihr sage, dass ich nachher zu einem Ausritt ins Gelände aufbreche, stirbt sie noch immer Tausend Tode, bis sie dann hört, dass wir wieder wohlbehalten zurück sind. Klar, es gibt keine Garantie, dass jeder Ausritt ein gutes Ende nimmt und Reitunfälle gehören nun mal zu den schlimmsten Unfällen, die die Ärzte in den Krankenhäusern zu sehen bekommen. Ein Pferd ist ja bekanntermaßen ein Fluchttier, so dass es streng genommen schon paradox ist, dass man sich auf den Rücken eines solchen Tieres setzt, aber bekanntlich liegt ja auf dem Rücken der Pferde, das Glück dieser Erde. So ist das wenigstens bei mir.

Heute frage ich mich oft, warum ich nicht schon von selber in meiner Jugendzeit auf die Idee gekommen bin, reiten zu lernen. Der Funke ist irgendwie nie übergesprungen. Da im Leben ja immer alles seinen Sinn hat, war es wahrscheinlich gut so, denn so hätte ich meine große Liebe wohl nie kennengelernt. Als ich ca. 15 Jahre war und mit meinen Eltern einen Mallorca-Urlaub machte, befand sich in der Nähe des Hotels ein kleiner Stall, der Strandritte anbot. Ich nahm an einem solchen Ritt teil, der alles andere als koordiniert und ruhig ablief. Zum Ende des Ritts zog noch ein Gewitter auf, die Pferde rannten kreuz und quer in der Gegend herum, ich konnte froh sein, dass dort nichts passiert ist, denn ich glaube nicht, dass die Anbieter dieser Gruppenritte in irgend einer Form für Unfälle abgesichert gewesen wären. Ich bin also zu diesem Zeitpunkt nicht von dem Ritt zurückgekommen und habe zu meinen Eltern gesagt, dass ich nun unbedingt Reiten lernen will. Das sollte noch 20 Jahre dauern, bis dieser Wunsch in mir keimte.

Kapitel 3

Alles begann mit dem kleinen Lippizaner

Die große Liebe zu meiner jetzt 16-jährigen Oldenburger Stute „Etienne“ begann im Juni 2003. Zu diesem Zeitpunkt war ich 35 Jahre alt und seit 3 Jahren als selbständige Rechtsanwältin tätig. Die Arbeit nahm mich seinerzeit schon so in Beschlag, dass ich kaum noch Zeit für die vielen schönen Dinge des Lebens hatte. So hatte mir mein Mann zu diesem Geburtstag ein Wochenende im schönen Hotel Stanglwirt am wilden Kaiser geschenkt. Viele von Ihnen kennen dieses Hotel vielleicht, es ist ein „Schicki-Micki-Laden“, hier trifft sich die Prominenz angefangen von Michael Schumacher bis DJ-Ötzi. Ich gebe zu, dass mich solch ein Glanz und Glamour damals noch beeindruckt haben, heute ist

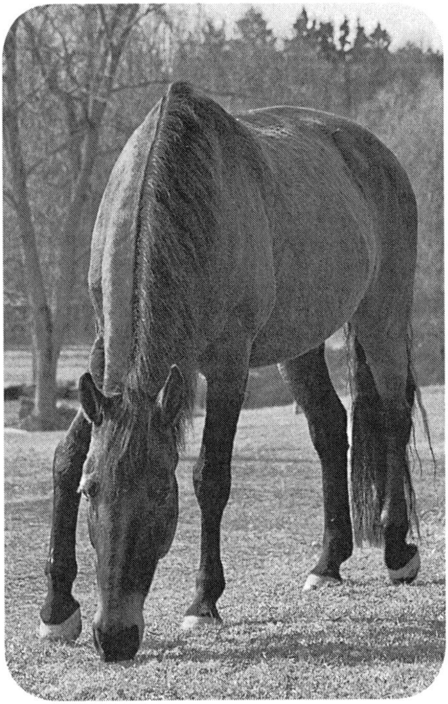

dies nicht mehr so, daran hat auch Etienne einen ganz gehörigen Anteil, aber das werde ich Ihnen noch erzählen.

Zur Krönung des Tages erhielt ich also von meinem Mann eine Longenstunde auf einem weißen Lippizaner geschenkt, da das Hotel über eine Lippizanerreitschule verfügt. Die Reithalle ist sehr pompös, im Stile der Spanischen Hofreitschule, nur etwas kleiner. Zunächst war ich alles Andere als erfreut über dieses Geschenk. Ich habe mich 35 Jahre nicht für Pferde interessiert und hatte auch nicht vor, hieran in der Zukunft etwas zu ändern. So setzte ich mich eben rein anstandshalber, um meinen Mann nicht zu enttäuschen, auf diesen kleinen weißen Lippizaner in Cordhose und Turnschuhen. Ich wurde dann 30 Minuten an der Longe im Kreis herumgeführt, wir kamen sogar in den Trab und beim Absteigen vom Pferd war eines für mich klar: Ich muss reiten lernen und spätestens zu meinem 40. Geburtstag wollte ich mir ein eigenes Pferd zulegen.

Da ich seit Kindesbeinen ein Mensch bin, der immer durchsetzt was er will, suchte ich mir in der Nähe meiner Heimat einen Reitverein, der Reitunterricht auf Schulpferden anbot. Ich musste nicht weit suchen und bereits 3 Tage nach meinem Hotelaufenthalt am Wilden Kaiser hatte ich eine Longenstunde auf einem Haflinger, das war Ende März 2003. Der April und der Mai des Jahres 2003 vergingen damit, dass ich in der Woche 1 bis 2 Mal eine Reitstunde nahm, die sich jedoch nach wie vor darauf beschränkt hatte, an der Longe geführt zu werden. Wer glaubt, dass man auf ein Pferd einfach aufsitzt und sozusagen los reitet, der irrt gewaltig. Allein die Sitzübungen an der Longe können bis zu einem halben Jahr betragen, bis man überhaupt einmal allein im Schritt auf dem Pferd gehen kann. Reiten kann man nicht in einem Jahr und auch nicht in fünf Jahren erlernen, man wird wohl sein Leben lang nicht auslernen.

Meinen Mann wollte ich dann auch gleich zum Reiten animieren, schleppte ihn ins Reitsportgeschäft, kaufte Reithosen, Stiefel und Helm für ihn ein und beide fuhren wir dann samstags zu einer Gruppenstunde zu Fritz P. nach S.

Dieser sogenannte Gruppenunterricht war höchst amüsant. Er wurde geleitet von einem damals fast 70-jährigen pensionierten Polizisten, der bei der berittenen Polizei tätig war. Er spielte uns ein Tonband vor mit dem Song „Heidi, Heidi, Deine Welt sind die Berge“ und sang dazu selbst mit. Der Lerneffekt war entsprechend gering.

Bereits nach der 3. Stunde, wir hatten jeweils ein 10-er Abo genommen, sagte der Reitlehrer wörtlich zu meinem Mann: „Auch wenn ich mir jetzt selber das Geschäft kaputt mache, Reiten hat für Sie wirklich keinen Wert“. Damit war unser neues gemeinsames Hobby gleich wieder gestorben.

Zwei weitere gemeinsame Anläufe haben wir dann doch noch genommen. Zunächst sind wir nach Nürnberg zu einem Reiterwochenende gefahren. Hier war dann gleich nach 2 Reitstunden auf dem Platz ein gemeinsamer Gruppenausritt geplant. Bei diesem Ausritt herrschte Chaos pur. Die Reitlehrerin, welche die Gruppe anführte, hat sich dafür ein Pferd ausgesucht, welches gleich zu Beginn heftig anfing zu steigen, so dass diese für den Rest des Ritts eigentlich mehr mit sich und ihrem Pferd zu tun hatte, als dass sie sich um ihre Reitschüler kümmern konnte. Mein Mann hatte das Glück oder auch das Pech, je nachdem wie man das nennen will, dass ihm ein sehr verfressener „Ackergaul“ zugeteilt wurde, der bei dem gesamten Ritt nichts anderes tat, als jede Gelegenheit zu nutzen um stehen zu bleiben, damit er Gras fressen konnte. Völlig entnervt stieg er dann irgendwann ab und führte das Pferd zurück zum Stall. Das einzig Positive an diesem Wochenende war die Tatsache, dass die Reitanlage in einem alten Kloster untergebracht war, die Zimmer waren im Originalzustand, wir schliefen also auf sogenannten Holzpritschen, dennoch, so gut wie dort, habe ich nahezu nicht mehr geschlafen.

Was mir hier jedoch gleich sauer aufstieß, war die Tatsache, dass die Pferde dergestalt untergebracht waren, dass sie jeweils durch eine Holzwand voneinander getrennt waren und die einzelnen Boxen nur so groß waren, dass jedes Pferd nur darin stehen konnte, ein Liegen der Pferde war nicht möglich. Von artgerechter Haltung wollte man in diesem Stall wohl gar nichts wissen.

Schlussendlich sind wir dann noch für ein Wochenende in die Lüneburger Heide gefahren. Auch hier war wieder ein Ausritt geplant. Diesmal hatte ich das Pech, dass ich ein Pferd Namens „Flöckchen“ zugeteilt bekam, mehr oder weniger ein Pony, das so verfressen war, dass es bei dem Ausritt ebenfalls nur nach Gras Ausschau hielt und somit alle 2 Meter anhielt. Schließlich habe ich dann aufgegeben, weil ich es nicht mehr vom Gras wegbrachte.

Dies war dann auch das letzte Mal, das mein Mann auf ein Pferd gestiegen ist, was bis zum heutigen Tag auch so geblieben ist. Das Reich der Pferde ist für ihn eine Tabuzone, er kommt nur in Ausnahmefällen in den Stall, dann weiß ich, dass dies nichts Gutes zu bedeuten hat. Er hat nun einmal Angst vor Pferden, da kann man nichts machen. Ich kann und möchte ihn auch zu nichts zwingen. Umso höher muss ich es ihm anrechnen, dass er es mir ermöglicht hat, meinen Traum zu leben, da unsere Anlage, auf der wir leben in erster Linie den Pferden dient.

Kapitel 4

Die schöne Landgräfin

Ende Mai 2003 kam in den Verein, in dem ich die Longenstunden nahm, dann eine dunkelbraune 7-jährige Oldenburger Stute mit dem Namen „Landgräfin." Der Verein hatte vor, aus dieser hübschen Stute ein Schulpferd zu machen. Allein dieser Umstand zu wissen, dass diese wunderbare Stute dem Schicksal entgegensah, ein Schulpferd zu werden, das in der Regel doch ein eher trauriges Dasein zu fristen hat, da meist doch nur Anfänger auf Schulpferden sitzen, die im Maul reißen und mit den Beinen gegen den Bauch schlagen, motivierte mich dazu, mich mit dem Gedanken zu befassen, diese Stute zu kaufen. Auch mein Mann redete mir stark zu, dass ich dieses Pferd doch kaufen solle. Ich saß kurz auf der Stute, hielt sie für bequem und schon ging ich mit einem Einstellvertrag im Verein und um 5.500,- Euro weniger im Geldbeutel nach Hause. Später erfuhr ich durch Zufall, dass man mich beim Kauf hinters Ohr gehauen hat, da die schöne Landgräfin für 3.000,- Euro eingekauft wurde, während man mir eben 5.500,- Euro abgeknöpft hatte. Egal, ich hätte diese anmutende Stute auch für

deutlich mehr Geld gekauft, ich wollte sie einfach haben und das war auch sehr gut so, denn ich bin überzeugt, ohne mich, hätte dieses Pferd aufgrund ihrer Charaktereigenschaften keine Chance auf ein würdevolles, artgerechtes Leben gehabt. Genauer gesagt, so meine feste Überzeugung, wäre sie schon vor Jahren zum Abdecker gebracht worden, denn Schulpferde müssen funktionieren und Geld einbringen, wenn sie diesem Ideal nicht entsprechen, beispielsweise, weil sie aufgrund von gesundheitlichen Problemen im Rücken anfangen ihre Reiter herunterzubuckeln, wird mit ihnen kurzer Prozess gemacht. Hier wird nicht nach der Ursache gesucht, teure Tierarztkosten auszugeben ist ein Tabu, da bleibt nur die Endlösung. Ich habe so einen Fall hautnah erlebt. Das konnte ich meinem Pferd Gott sei Dank ersparen.

Was hatte ich jetzt nun angerichtet? Eine 7-jährige kaum angerittene Oldenburger Stute mit einem Stockmaß von über 1,70 m, ich selbst bin nur 1,63 cm groß und blutiger Reitanfänger. Ich musste mir seinerzeit von allen Seiten anhören dass man sich doch nach 2 Monaten Reitunterricht an der Longe kein eigenes Pferd kauft und schon gar nicht ein Pferd, das noch so jung und nicht ausgebildet ist. Wenn schon hätte es ein älterer, erfahrener Wallach sein sollen. Mich schreckten diese Kommentare aber nicht ab, da ich schon immer andere Wege gegangen bin, wie die anderen. Nach meinem zweiten juristischen Staatsexamen im Jahre 1999 wurde ich von allen Seiten gewarnt, mich als Anwältin selbständig zu machen. Keiner glaubte daran, dass diese Selbständigkeit von Erfolg gekrönt sein könnte. Wir hatten seinerzeit im Stuttgarter Raum bereits mehr als 6.000 zugelassene Anwälte. Auch hier ließ ich mich wiederum nicht beirren, marschierte zu dem schwedischen Möbelhaus, suchte mir Büromöbel, mietete mir ein Bürozimmer, kaufte mir einen PC und ein paar Bücher und los ging es. Meine Kanzlei, die ich zusammen mit meinem Mann führe, besteht nunmehr seit über 13 Jahren und wir können sagen, dass wir zu den durchaus angesagten Kanzleien gehören. Ich war somit also fest entschlossen, meinen Weg mit der Stute zu gehen, die ich nun in „Etienne“ umgetauft hatte, da mir der Name Landgräfin nicht gefiel. Ich hatte früh ein Faible für die Ledermarke Etienne Aigner, die Taschen, Gürtel etc. herstellt und wollte den Vornamen meiner Stute geben. Oft werde ich gefragt, weshalb die Stute Etienne heißt, worauf ich dann diese Erklärung gebe.

Voller Euphorie bin ich dann gleich nach dem Kauf von Etienne in den nächsten Reitladen gespurtet und habe dem Inhaber ordentlich Umsatz verschafft. So kaufte ich Abschwitzdecken, Gamaschen vorne und hinten, Sprungglocken und vieles mehr. Von alldem verwende ich heute nichts mehr, bei mir gilt nun das Motto „weniger ist mehr“, Etienne trägt weder Gamaschen, Glocken, Ohrenkäppchen, Fliegenmasken und schon gar nicht irgendwelche Decken, dafür ist sie mir auch außerordentlich dankbar. Ein artgerecht gehaltenes Pferd, benötigt dies alles überhaupt nicht. Ich konnte es zum Schluss in den einzelnen Ställen beinahe nicht mehr ertragen, wie einzelne Pferdebesitzer bereits im August angefangen hatten, ihr Pferd nachts einzudecken in der festen Überzeugung sie handeln zum Wohle der Pferde.

Mir wurde sehr schnell bewusst, dass der Umgang mit dieser Stute nicht einfach werden würde. Sie ist kein Pferd, das sich brechen lässt und willenlos alles macht, was von ihr verlangt wird. Es gibt ja durchaus Pferde, die es aufgegeben haben, gegen den Menschen aufzubegehren und einfach nur noch funktionieren. Diese Pferde kann man auch dann reiten, wenn die Hilfengebung nicht korrekt ist, sie verzeihen es auch, wenn man als Mensch einen schlechten Tag hat. So ticken leider Gottes viele Schulpferde, indem sie sich in ihr Schicksal fügen. Nicht so mein Pferd, sie ist ein echtes Charakterpferd, wenn man nicht genau in sie hineinhorcht und sie übergeht, wird sie aggressiv, auch beim Reiten ist sie kein Selbstläufer, sie muss von oben motiviert werden und will ganz klare Ansagen, sonst läuft sie gar nicht. Sie hegte sehr schnell nach dem ich sie gekauft hatte, Aggressionen gegen mich.

Es konnte sein, dass wenn ich zu ihr an die Box kam, sie mir die Zähne mit stark angelegten Ohren zeigte, ein deutliches Warnsignal bei einem Pferd. Die Hufe auskratzen war ein gänzliches Tabu, vor allen Dingen die Hinterhufe. Wenn ich versucht habe, einen Hinterhuf anzuheben, schlug sie derart heftig aus, dass sie mich gegen die Box schleuderte. Wollte ich aufsteigen, drehte sie sich eine halbe Stunde im Kreis, bis ich endlich im Sattel saß. Offengestanden hatte ich mir die Beziehung zu einem Pferd schon anders vorgestellt. Ich konnte bei anderen Pferdebesitzern beobachten, dass diese ihr Pferd auch einmal umarmen konnten oder es einfach nur im Gesicht berührten. All das war mir nicht vergönnt. Etienne hasste es über Jahre hinweg angefasst zu werden, sie drehte sich sofort weg und legte die Ohren dabei an.

Dennoch entwickelte ich zu Etienne eine unfassbare Liebe, die mit allen Höhen und Tiefen ausgestattet war, die man sich nur irgendwie vorstellen kann, die mich aber auch zeitweise an meine Grenzen gebracht hat. Diese Liebe war mit unzähligen Niederlagen verbunden, aus denen ich aber heute gestärkt hervorgegangen bin. Ich bin heute dankbar dafür, dass ich Etienne nie aufgegeben habe und stets an sie geglaubt habe, denn am Ende hat sie mir gezeigt, worauf es im Leben wirklich ankommt und dafür bin ich ihr zu großem Dank verpflichtet.

Kapitel 5

Die Aasgeier kommen

Bekanntermaßen lässt sich ja mit der Angst eines Menschen stets Geld verdienen und so dauerte es nicht lange, bis die ersten Reitlehrer, die ja jeder Verein so hat, um meine Gunst gebuhlt haben. Man sah in mir eine Geldquelle, die über Jahre hinweg nicht versiegen würde, da es ja jetzt mein oberstes Ziel war richtig auf Etienne das Reiten zu lernen. Dazu braucht man natürlich guten

Unterricht. Aber nicht nur das, die lieben Assgeier machten mir natürlich auch mächtig Angst damit, dass ich, sollte ich vorhaben, Etienne ausschließlich alleine zu reiten, ich in jedem Fall riskieren würde, dass Etienne verritten werden würde und sie dadurch gesundheitlichen Schaden nehmen könnte.

Von jetzt an hieß es für mich also Geldbeutel aufmachen für die Zunft der Reitlehrer. Hätte ich damals schon gewusst, was ich mit diesem sogenannten Beritt für einen Schaden an Etienne anrichte, hätte ich mich niemals dafür entschieden. Ich war seinerzeit der festen Auffassung, dass hier Profis sprechen, die ausschließlich im Interesse des Pferdes handeln und habe es daher für sinnvoll erachtet, teures Geld für diesen Beritt zu bezahlen. So wurde Etienne also täglich von einem Reitlehrer hart drangenommen, ich absolvierte brav meinen Unterricht, der sich auch hier anfangs noch darauf beschränkt hat an der Longe geführt zu werden. Für die Woche Beritt bzw. Unterricht musste ich monatlich 330,- Euro berappen, rechnet man das auf 7 Jahre hoch, kommt man auf stolze 27.720,00 Euro. Man kann also behaupten, dass ich hier zumindest die Wirtschaft angekurbelt habe.

Einer dieser zahlreichen Assgeier ging sogar soweit, dass er mich kurzerhand, kurz nach dem ich Etienne gekauft hatte zu einem von ihm veranstalteten Kurswochenende anmeldete, bei dem am zweiten Tag eine Springstunde veranschlagt war. Man band Etienne einen Gürtel um den Hals, an dem ich mich festhalten sollte, den Rest würde Etienne schon von selber machen. Wie das ausging, muss ich Ihnen wohl kaum erklären. Etienne war frustriert und ich lag sämtliche Male neben dem Pferd am Boden. Wie hätte es auch anders sein können.

Kapitel 6

Wie viele Reitstunden denn noch bitteschön?

Ich habe immer darauf geachtet, Einzelunterricht zu erhalten, da ich wusste, dass man in der Gruppe das Reiten eigentlich nicht so richtig lernen kann, da hier oftmals das beste Pferd an den Anfang gestellt wird und die anderen einfach nur hinterher laufen, so dass man frustriert ist, wenn man das erste Mal alleine in der Halle reitet, wenn man merkt, dass das Pferd gar nicht in die Richtung geht, die man eigentlich einschlagen will.

Alle Reitlehrer, die mir im Laufe der Zeit Reitunterricht erteilt haben, hatten immer dieselben Sprüche wie „Absätze tief", „Oberkörper gerade" „Wir müssen mal wieder Sitzschulung machen" „Wir sollten vielleicht einmal ein paar kleine Sporen nehmen", „Gerte, Gerte" „Wir machen jetzt mal die Ausbinder rein" usw.

Ich habe über 7 Jahre lang mindestens 2 Mal die Woche Reitunterricht genossen, so dass man summa summarum auf eine Zahl von nahezu 700 Stunden kommt. Sie denken jetzt sicher, dass man damit gut reiten können müsste. Hier muss ich Sie enttäuschen. Ich konnte Etienne bis zu dem Zeitpunkt, an dem ich mit dem Reitunterricht aufgehört habe nicht einmal angaloppieren, wenn mir das zufällig einmal gelang, dann konnte ich den Galopp aber nicht halten und sie fiel nach 3 bis 4 Sprüngen wieder aus.

Auch das ist heute gänzlich anders. Ich zwinge Etienne zu nichts mehr, versuche einfach nur zu spüren, was sie unter mir macht und siehe da, sie bietet mir den Galopp jetzt sogar freiwillig an. Heute habe ich noch einmal in der Woche Reitunterricht. Hier lerne ich, dass es darauf ankommt, den Oberkörper etwas nach vorne zu nehmen und gerade nicht die Absätze tief zu nehmen, da man sonst ständig hinter der Bewegung des Pferdes sitzt und genau das funktioniert. Ich bin also weit über 7 Jahre falsch auf meinem Pferd gesessen und habe mich gewundert, dass mein Pferd nicht vorwärts läuft. Heute arbeite ich hauptsächlich damit mein

Gewicht entsprechend zu verlagern. Meine jetzige Reitlehrerin erklärt mir die Anatomie eines Pferdes und macht mir klar, welche Bewegungen von mir die Muskeln meines Pferdes wie beanspruchen. So kann ich mit Etienne arbeiten und habe nicht mehr das Gefühl, dass sie gegen mich arbeitet und ich eine Bremse unter mir habe.

Schade, dass ich nicht früher auf diese Reitlehrerin gestoßen bin, die ausschließlich zum Wohle des Tieres handelt und ihr Handwerk wirklich versteht. Nach meiner Erfahrung ist die Suche nach einem guten Reitlehrer fast so wie ein Sechser im Lotto.

Hinzu kommt, dass mir manche dieser zahlreichen Damen und Herren von Grund auf unsympathisch waren. Wenn ich eine gut bezahlte Dienstleistung in Anspruch nehme, lasse ich mich nicht anschreien, so unter dem Motto „was kann denn das Pferd dafür, wenn Sie zu blöd sind zum Reiten, bei mir macht sie so etwas nie". Da ließ meine Antwort nicht lange auf sich warten und ich konterte, „Wenn Sie meine Klagen schreiben müssten, ginge das sicher auch in die Hose". Dies ist natürlich überhaupt keine Basis um weiterzukommen. Woher manche dieser Damen und Herren diese Überheblichkeit und Arroganz hergenommen haben, ist mir bis heute ein Rätsel.

Kapitel 7

Der erste Ausritt im Gelände – ein Desaster

Wenn man versierte Reitlehrer fragt, wann man denn mit seinem Pferd das erste Mal in Begleitung ins Gelände gehen darf, erhält man die Antwort, man sollte schon zuvor 1 Jahr Erfahrung in der Halle gesammelt haben.

Mein erster Ausritt mit Etienne und dreier stattlicher Männer zu Pferd zwischen 50 und 70 Jahre alt, fand bereits im Oktober 2003, somit 4 Monate nachdem ich Etienne gekauft hatte statt. Hier bin ich mit wahrlichen Buschreitern unterwegs gewesen, die sich nicht daran gehalten hatten, dass bei einem Anfänger eigentlich nur Schritt angesagt ist. So fegten sie in einem flotten Galopp in der Gruppe davon, ich hatte noch gar keine Ahnung, wie die Galopphilfe überhaupt funktioniert, dachte mir aber, Etienne wird das schon von alleine aus machen. Das tat sie auch, aber nicht in meinem Sinne. Das Ende vom Lied war, dass ich aus dem Galopp heraus herabgestürzt bin und Etienne über ca. 2 km über die Bundesstraße zurück zum Stall lief. Ich weiß bis zum heutigen Tag nichts mehr über den Unfall, da ich in eine tiefe Bewusstlosigkeit verfallen bin, aus der ich erst einige Zeit später in der Klinik wieder aufgewacht bin. Hier wurde meiner Familie zum ersten Mal deutlich vor Augen geführt, wie gefährlich der Reitsport doch sein kann. Es wäre nicht auszudenken gewesen, wenn ich hier größere Schäden davon getragen hätte. Glücklicherweise hatte ich einen Reithelm auf, so dass ich mit einer gehörigen Ge-

hirnerschütterung davon gekommen bin. Da die Bewusstlosigkeit schon eine Weile angedauert hatte und ich nachdem ich wieder zurück in die jetzige Welt gekommen bin, ich schon recht wirr dahergeredet haben soll, machte sich mein Mann ernsthafte Sorgen, ob nicht mein Beruf gefährdet sein könnte, da ich ausschließlich mit meinem Kopf arbeiten muss.

Als ich in der Klinik erwachte, sah ich, dass ich mit einem weißen Laken zugedeckt war. Ich schaute kurz unter die Decke und erkannte, dass ich in voller Reitmontur unter der Decke lag und da es stark regnete, auch noch klatsch nass war, was mir im Anschluss daran, die Erkältung meines Lebens eingebracht hatte. Als dann die Krankenschwester zur Tür herein kam, fragte sie mich, ob ich denn wisse, was passiert sei, worauf ich antwortete „wahrscheinlich bin ich vom Pferd gefallen“.

So machte ich also nun mit meinen 35 Jahren das erste Mal Bekanntschaft mit einer Klinik. Es sollte aber nicht die letzte Bekanntschaft bleiben. Ich musste dort not- gedrungener maßen eine ganze Nacht verbringen, ehe ich am nächsten Morgen auf eigenen Wunsch die Klinik verlassen habe und dann zu aller erst zum Stall zu fahren. Die erste Frage, die ich beim Aufwachen in der Klinik hatte war „Geht es Etienne gut“? Ist sie verletzt? Man konnte mich beruhigen, Etienne war wohlbehalten am Stall angekommen. Ich habe mich dessen auch gleich vergewissert und bin dann nach Verlassen der Klinik ungefähr um 10.00 Uhr morgens wieder im Sattel gesessen.

Mit den Buschreitern bin ich natürlich nie mehr zusammen in das Gelände gegangen. Wäre ich nicht von Berufs wegen ein Streithammel, so hätte ich mir überlegt, ob ich gegen diese Herren nicht gerichtlich vorgehen sollte, denn dieses Verhalten war doch mehr als leichtsinnig. Nicht auszudenken, was passiert wäre, wenn Etienne auf dem Nachhauseweg, bei dem sie eine stark befahrene Straße queren musste in ein Auto gelaufen wäre. Hier hatte ich einfach Glück, dass nichts weiter passiert ist. Es hätte also durchaus sein können, dass mein Weg mit Etienne bereits nach 4 Monaten zu Ende gewesen wäre.

Kapitel 8

Das Nomadendasein beginnt

Mit der Zeit begann ich mich natürlich immer mehr mit dem Thema wie lebt ein Pferd eigentlich artgerecht zu befassen.

Da mich dieses Thema so sehr interessierte, nahm ich sogar in Fernstudium Tierpsychologie auf, ackerte mich durch Klausuren hindurch und lernte hierbei ungemein viel. Schnell wurde klar, dass so ein freiheitsliebendes Tier wie ein Pferd eigentlich in keine Box gehört, in der es sich oftmals nicht einmal richtig hinlegen kann. Ein in einer Einzelbox gehaltenes Freizeitpferd hat eine durchschnittliche Bewegungsdauer von 40 Minuten pro Tag, was natürlich keinesfalls als ausreichend anzusehen ist, wenn man bedenkt, dass sich ein Pferd unter natürlichen Bedingungen bis zu 16 Stunden am Tag bewegt. Ein Pferd sollte zusätzlich zur täglichen Arbeit reichlich Koppelgang haben. Diese sind bis zum heutigen Tage in zahlreichen Ställen entweder gar nicht oder nur unzureichend vorhanden. Dafür werden Führmaschinen und Laufbänder angepriesen, die jedoch absolut keinen Ersatz für den täglichen Weidegang darstellen. Höchst amüsant finde ich dann noch die Aussage mancher Einstellbetriebe, ein Pferd brauche mindestens einen Ruhetag in der Woche. Na ja, es muss ja eine Rechtfertigung dafür geben, dass man als Einsteller an einem Tag in der Woche sein Pferd nicht besuchen kann, was ich in rechtlicher Hinsicht schon für bedenklich halte, wenn einem sein Eigentum vorenthalten wird.

Man findet bis zum heutigen Tag immer noch sehr viele Ställe, die Pferde in Boxen halten. Ein Umdenken findet leider Gottes nur sehr langsam statt. Die nicht artgerechte Haltung eines Pferdes führt natürlich in vielen Fällen zu Verhaltensstörungen bei einem Pferd, wie man sich leicht vorstellen kann. Wie soll ein Pferd psychisch ausgeglichen sein, wenn es ca. 23 Stunden in einer Box steht, manchmal noch ohne Sozialkontakt zu anderen Pferden.

Leider Gottes ist das in vielen Köpfen immer noch nicht angekommen. Ich hatte vor vielen Jahren einmal eine Diskussion mit einem Stallbetreiber, in dem ich ihm die Frage an den Kopf warf, ob er in einer Zelle, die nicht größer als 7 oder 8 qm ist sein Leben fristen wolle. Die Antwort von ihm darauf war nur: „Daran stirbt man nicht". Sicherlich stirbt man daran nicht, aber ist das Lebensqualität? Ein Pferd, das in einer Einzelbox gehalten wird, hat aus meiner Sicht keine Lebensqualität. Obwohl meine beiden Damen in einem aktiven Offenstall leben, den ich extra für die zwei habe bauen lassen und sie sich den ganzen Tag frei nach Lust und Laune bewegen können, kommt es doch hin und wieder vor, dass sie in der Reithalle ihren Bewegungsdrang ausleben und dann wie wild 5 bis 10 Minuten in der Halle galoppieren, bis dieses Bedürfnis gestillt ist. Wie muss es da einem Pferd gehen, das den ganzen Tag nur in einer kleinen Box steht. Darüber darf man nicht nachdenken und ich verdränge das auch.

Zunächst konnte ich in dem damaligen Verein für Etienne nur eine kleine Innenbox mieten, ein Zustand, über den ich natürlich gar nicht begeistert war. Ein erster Fortschritt war dann eine Box mit Fenster. Schließlich konnte ich dann erreichen, dass Etienne auf meine eigenen Kosten einen Paddock erhielt, sozusagen ein kleiner Balkon. Diese Tatsache gab mir wenigstens ein bisschen das Gefühl, dass Etienne nicht den ganzen Tag in ihrer Box eingesperrt sein muss, wenn ich nicht bei ihr bin.

Das gesamte Umfeld an meinem ersten Domizil hat mir aber von Anfang an nicht richtig gefallen. Der Verein lag mitten in einem Industriegebiet. Gerade das richtige Ambiente für ein Pferd. Da waren die Koppeln, die direkt an einen Baustoffmarkt gegrenzt haben und die täglich auf eine Nutzungszeit von 2 Stunden be-

grenzt waren. Hier standen die einzelnen Pferdebesitzer schon mit der Stoppuhr da, wehe man hätte die Zeit auch nur um 5 Minuten überzogen. Dies war schon zum damaligen Zeitpunkt mit meinem Verständnis von artgerechter Haltung nicht verträglich. Dazu kommt, dass es vornehmlich die Damenwelt ist, die sich in den Ställen tummeln und wo viele Damen aufeinandersitzen gibt es bekanntermaßen Zickenalarm. Da heißt es dann, „die kann den ganzen Tag reiten, wann arbeitet die eigentlich, die muss ja Geld haben“. Dann geht es darum, wer den besten Sattel, das teuerste Halfter, usw. hat. Neid war schon immer ein Faktor in der Menschheit, der den Menschen zerfrisst. Dies ist auch der Grund, weshalb ich mich in meiner Freizeit nur sehr selten mit anderen Menschen treffe.

Da ich in diesem Verein auch von Anfang an die blutige Reitanfängerin war, glaubten einige Mitglieder, sie müssten permanent ihren Senf dazugeben, was den Umgang mit Etienne angeht. Beinahe jeder wollte mir gutgemeinte Ratschläge geben, so dass ich zeitweise überhaupt nicht mehr wusste, wie ich mit Etienne umgehen sollte. Hinzu kam, dass ein Verein stets mit vom Schulbetrieb lebt, so dass es nicht ausblieb, dass täglich mehrere Stunden Gruppenunterricht angesagt war, wobei die Pferde, die jeweils im Einsatz waren, auf der engen Stallgasse angebunden waren, so dass Etienne all Nase lang ein Pferd vor ihrer Box hatte, welches dort geputzt und gesattelt wurde. Das Radio war in diesem Stall auch ein ständiger Begleiter. Gut, ich höre heute mit Etienne auch sehr viel Musik, aber es muss eben die richtige Musik sein und in einer entsprechenden Lautstärke. Hier war es meist Antenne 1 mit einer Lautstärke, die mir schon fast das Trommelfell platzen ließ. Etienne hatte hier absolut keine Ruhe, die sie aufgrund ihres Charakters aber dringend braucht. Rückblickend glaube ich, dass ihr dieses erste Domizil ganz und gar nicht zugesagt hat.

In diesem Verein gab es dann auch den sogenannten „Hausfrauenvormittag", bei dem die vermeintlich noblen Damen ein Stündchen im Kreis geritten sind, um so dann im Reiterstübchen, welches einen wunderbaren Blick in die Reithalle garantierte, ihr „Käffchen" zu trinken und natürlich dabei an den Reitern, die sich zu dem Zeitpunkt in der Halle befanden kein gutes Haar gelassen haben, obwohl sie es eigentlich nicht viel besser wussten.

Mir selbst liegt diese Vereinsmeierei überhaupt nicht. Schon diese dämlichen Mitgliederversammlungen waren für mich eine Farce. Diese Gruppenbildungen und dieses permanente Beiwerk angefangen vom Sommerfest über die Weihnachtsaufführung.

Schlussendlich kommt man an einen Punkt, dass wenn man sein Pferd besuchen möchte und auf den Parkplatz fährt und dort gewisse Fahrzeuge stehen sieht, man eigentlich am liebsten umkehren würde. Dann weiß man, es ist Zeit zu gehen. So bin ich in den nächsten Stall ca. 3 km weiter mit Etienne eingezogen.

Kapitel 9

Darf ich vorstellen – Etiennes Bereiter

Diese sogenannten Bereiter - so weiß ich heute - wollen einem gar nicht helfen, vorwärts mit seinem Pferd zu kommen, da ja dann die Geldquelle versiegen würde. Der Profit geschieht leider auf Kosten des Pferdes. So hat dieser Berufsstand nach meinen leidigen Erfahrungen in manchen Fällen überhaupt keine Ahnung von „Horsemanship“. Die Basis für die Beziehung mit einem Pferd ist die Bodenarbeit, nur durch diese kann das Pferd mit dem Mensch überhaupt in eine Beziehung treten.

Bei der Bodenarbeit sind der Phantasie des Menschen keine Grenzen gesetzt. Man kann Pylonen aufbauen, das Pferd im Slalom durch diese durchgehen lassen, man kann das Pferd über Planen springen lassen, man kann mit dem Pferd zusammen über Stangen springen, man kann mit Stangen die Form eines L aufbauen und das Pferd rückwärts hindurch schicken.

Phantastische Erfolge lassen sich auch mit der Freiheitsdressur erzielen. Hier trägt das Pferd gar nichts, also nicht einmal ein Halfter. Dabei schickt man das Pferd entweder mit einem Seil oder einer Gerte auf einen runden Kreis und gibt ihm dabei die Taktart vor, dies geschieht mit Hilfe der Gerte und der Stimme. Hebt man die Gerte, so soll das Pferd schneller gehen, wenn die Geschwindigkeit stimmt, hält man die Gerte still. Will man das Pferd anhalten, hält man an einem beliebigen Punkt die Gerte in die Höhe, das Pferd sollte dann stehen. Sodann wird das Pferd seinen Kopf in Ihre Richtung zur Mitte des Kreises drehen und so weit auf Sie zukommen, bis Sie Stopp sagen. Etienne beherrscht dies mittlerweile bis zur Perfektion, ja ich glaube sogar, dass ich mit ihr auftreten könnte.

Das ist aber nicht das Ziel eines Berufsreiters, er will keine Beziehung zu einem Pferd, er will es dominieren. Da wird dann schon mal die Gerte richtig eingesetzt und die Sporen kräftig in die Flanken gehauen, dies insbesondere dann, wenn der Besitzer des Pferdes beim Training nicht zusieht. Man spricht in diesem Kreisen auch meist gar nicht von einem Pferd, sondern vom „Material“, welches gut sein muss. Es ist wichtig, dass man mit einem sogenannten Berittpferd „Schleifchen“ auf einem Turnier einfahren kann. Wenn man das als Besitzer eines Pferdes gegenüber dem Bereiter ablehnt, ist man sowieso unten durch, da wird dann eben nur noch auf das Geld gesehen.

Etienne hatte leider das Pech auf 6 solcher Berufsreiter zu stoßen. Hier jeweils ein kleiner Steckbrief:

Steckbrief Nr. 1:
Ca. Mitte Vierzig, männlich, Lebensgefährtin Anfang 20 und in der Ausbildung zur Pferdewirtin, schaute gerne tief ins Glas, Kettenraucher.

Hier konnte es einem passieren, dass der Beritt dergestalt erfolgte, dass sich Number 1 während er eine Reitstunde, die er mit mehreren Schülern abhielt, sich mit dem Berittpferd einfach in die Mitte stellte und von dort aus die Ansagen machte.

Das Maß war voll, als ich erfuhr, dass meine Stute von der Lebensgefährtin von Mister 1 zum Springen missbraucht wurde, da sie ein Pferd benötigte, um sich auf ihre Springprüfung vorzubereiten.

Steckbrief Nr. 2:
Ca. Mitte Zwanzig, weiblich, gelernte Speditionskauffrau, hatte lediglich ein paar Trainerscheine vorzuweisen.

Vom Charakter her wirklich nett und sympathisch, für mein Pferd war das aber kein Beritt bzw. Korrekturreiten, sondern mehr ein Bewegen des Pferdes, da der jungen Dame leider das Können gefehlt hat.

Steckbrief Nr. 3:
Ca. Anfang 20, männlich, klein und dick, ein Schwätzer, der die Damenwelt nur so um die Finger wickelt, besonders diejenigen um die 40 +.

Es konnte passieren, dass Mister 3 schon mal in die Box zu meinem Pferd ging und sie mit der Gerte auf grausame Weise bestraft hat.

Die Krönung war, als mein Pferd einen Sehnenschaden hatte und deswegen über Wochen hinweg nur geführt werden konnte, er sich anbot, das Pferd für monatlich 450,- Euro täglich eine Stunde spazieren zu führen, weil er mir einredete, das Pferd sei mittlerweile so aggressiv, dass es steigen würde und ich damit nicht alleine zurecht kommen würde. Im Nachhinein erfuhr ich, dass er mein Pferd bewusst zum Steigen gebracht hatte, damit ich auf ihn angewiesen war.

Steckbrief Nr. 4:
Ca. Anfang 20, weiblich, zunächst die Lebensgefährtin von Mister 3, bis sich beide so verkracht hatten, dass sie sich gegenseitig die Kunden ausgespannt haben.

Diese Dame zog den Beritt stets in 20 Minuten durch, normalerweise sollte man alleine so lange Schritt gehen, um das Pferd warm zu reiten. Sie äußerte sich dann gegenüber anderen Leuten, so sinngemäß „den Bock muss ich nicht so lange bewegen, die kommt ja jeden Tag und tütelt selbst dran rum".

Aufgrund der Tatsache, dass Etienne hier nie warm geritten wurde, zog sie sich eine Sehnenscheidenentzündung zu, die sie viele Wochen außer Gefecht gesetzt hat und mich um mehrere 100 Euro für Tierarztkosten ärmer machten.

Steckbrief Nr. 5:
Anfang 30, männlich, Typ Reitlehrer, dem alle jungen Mädchen nachlaufen. Arrogant und hochnäsig zugleich.

Mister 5 war es sehr wichtig, äußerst grazil auf dem Rücken eines Pferdes zu sitzen, mehrfach am Tag polierte er seine Reitstiefel auf Hochglanz, arbeitete sehr viel mit der Hand am Pferd.

Vorauskasse monatlich 330,- Euro. Damit konnte es schon mal passieren, dass der Beritt einfach ausfiel, das Geld war ja bereits verdient. Seine Einstellung zu meinem Pferd: „Für die müsste mir schon jemand 10.000,- Euro geben, dass ich die nehmen würde."

Auf meine Frage, ob wir einen kleinen Ausritt machen könnten, war seine Antwort „Los bringen wir es hinter uns".

Steckbrief Nr. 6:
Mitte 30, weiblich, hat wohl Etienne nicht tyrannisiert, aber durch sie kam ich mit Etienne auch nicht weiter.

Ich muss es leider sagen, dass keiner dieser Damen und Herren, für die ich sehr viel Geld gelassen habe, heute mein Wohlwollen haben. Klar auf den Punkt gebracht, haben sie mein Pferd verritten, so dass es schon erstaunlich ist, dass Etienne bei all dem was sie durchmachen musste, heute noch so fleißig bei der Arbeit ist und sogar wieder Spaß am Reiten hat. Könnte Etienne vor Gericht ziehen, würde sie alle auf Schmerzensgeld verklagen.

Damals habe ich - und dies bedaure ich heute zutiefst - nicht erkannt, dass das Reiten mit Druck für Etienne pures Gift war. Ich wollte im Sinne von Etienne handeln, doch heute weiß ich, dass all ihre Aggressionen, die sie gegen mich aufbrachte, nur daraus resultierten. Bei den Bereitern musste sie den Druck erdulden, ich, der ihr keine Dominanz entgegenbringen konnte, hatte nur ihre aggressive Seite zu spüren bekommen. Auch hier wurde ich immer wieder, auch von meiner eigenen Familie gefragt, warum ich mir das alles zumute, ein Pferd von hinten bis vorne verwöhne, welches mir keinerlei Gegenliebe zeigt. Meine Antwort war stets dieselbe: Weil Etienne meine große Liebe ist. Verständnis hatten dafür nur die wenigsten. Rational konnte ich mir auch nicht erklären, warum ich nicht von Etienne ablassen konnte, da sie mir in der Vergangenheit wirklich nicht sonderlich viele schöne Stunden gegeben hatte. Manch einer hätte an dieser Stelle gesagt, es war einen Versuch wert, hat aber leider nicht geklappt und hätte sich ein anderes Pferd zugelegt, in der Hoffnung, dass es mit diesem besser laufen würde.

Ich aber liebte Etienne emotional ungemein. Ich lebte jeden Tag in der Hoffnung, dass es irgend wann einfach besser werden müsste. Im Nachhinein betrachtet glaube ich, war es abgesehen von der Schönheit dieses Pferdes, auch mein innerer Kampfgeist, der mir sagte, ich bekomme diese Stute in den Griff. Irgendwie war das ein Reiz für mich. Ich weiß, dass diese Liebe für Sie als Leser schwer zu verstehen sein muss, denn Etienne hatte bis zu dem schrecklichen Ereignis, über das ich noch berichten werde, wahrlich außer ihrer Optik und einer guten Gesundheit nicht viel für mich zu bieten.

Dass ich zu diesem Zeitpunkt mit Etienne noch total auf der falschen Schiene war, war mir da noch nicht klar.

Kapitel 10

Kein Zugang zu Etienne

Zum Zeitpunkt, als Etienne im Vollberitt war, wusste ich noch nicht, dass man, um einen Zugang zu einem Pferd zu finden, sich dessen Vertrauen erarbeiten muss und einem Pferd auch ganz klar zeigen muss, wer der Chef ist. Ich war mittlerweile mit Etienne an einem Punkt angekommen, bei dem ich alles war nur nicht der Chef. Ich ging mit Führkette um die Nase herum spazieren, Etienne biss mich nach besten Kräften, so dass ich selbst bei 3 Daunenjacken übereinander blaue Flecken hatte. Sie rannte mich beim Spazierengehen um, in der Halle schlug sie mich gegen die Bande, biss mir in den Kopf, also das volle Programm.

Ich entschuldigte dieses Verhalten täglich damit, dass dies ein Versehen gewesen sei und Etienne das ganz bestimmt nicht gewollt hatte. Tief im Inneren wusste ich aber schon, dass hier etwas schief lief. Bereits zu diesem Zeitpunkt waren auch schon die ersten Stimmen da, die meinten „der Bock muss weg", „kauf Dir doch ein anständiges Pferd" usw. Ich ließ mich nicht beirren, meine Liebe zu Etienne war so groß, dass ich sie niemals hergegeben hätte. Außerdem bin ich der Meinung, dass wenn man ein Tier kauft, auch eine Verantwortung übernommen hat, derer man sich nicht einfach entledigen kann. Ich sagte mir daher stets, ok,

Etienne ist eben ein schwieriges Pferd, aber das wird schon noch werden, zumal es auch immer wieder Phasen bei Etienne gab, bei denen es besser mit ihr funktionierte. Ich hatte aber bislang nicht das Gefühl, dass ich zu Etienne eine Beziehung aufbauen konnte, was jedoch mein sehnlichster Wunsch war. Zu diesem Zeitpunkt hatte ich Etienne bereits ca. 3 Jahre.

Ich hatte mich seinerzeit gar nicht damit befasst, dass man einen ständigen Kontakt zu seinem Pferd herstellen muss. Ich habe nicht darauf geachtet, wo Etienne ihre Ohren hat, ob sie mich überhaupt respektiert. Hätte ich zu diesem Zeitpunkt bereits meine Sinne geschärft, wäre mir aufgefallen, dass Etienne ihre Ohren nie bei mir hatte. Wie soll man denn da mit einem Pferd überhaupt in Kommunikation treten. Heute ist das anders. Wenn ich mit Etienne spreche oder mit ihr arbeite, schenkt sie mir ständig ein Ohr.

Auch wird einem immer wieder von den Pferdeprofis vermittelt, man solle sein Pferd nie direkt ansehen. Auch das halte ich für baren Blödsinn. Ich schaue Etienne ständig an bzw. lächle sie einfach an. Wie soll denn eine Bindung zu einem Tier entstehen, wenn man es nie ansieht? Außerdem erkenne ich alleine an ihrem Gesichtsausdruck mittlerweile, welche Laune bei ihr gerade angesagt ist. Ich bin mir sicher, dass es viele Pferdebesitzer gibt, gerade die, die ihr Pferd als ein Sportgerät ansehen, nicht sagen können, welchen Gesichtsausdruck ihr Pferd hat. Dieser kann sich nämlich je nach Situation völlig ändern und darauf sollte man unbedingt eingehen. Wenn Sie einen Tag haben, an dem es Ihnen nicht sonderlich gut geht, wollen Sie doch sicherlich auch keinen Marathon laufen. Genau so und nicht anders ist das auch bei einem Pferd. Wenn Etienne heute einen schlechten Tag hat, nehme ich darauf Rücksicht und peitsche sie dann nicht Stunden lang durch das Gelände.

Kapitel 11

Unfall Nummer 2 mit Etienne

So ließ der nächste Unfall den ich mit Etienne hatte auch nicht lange auf sich warten. Es war der erste Weihnachtsfeiertag 2006 oder 2007 genau kann ich mich nicht mehr an das Jahr erinnern. Es war lausig kalt, ca. 10 Grad Minus und ich hatte mich seit Tagen mit einer recht jungen Reiterin, die ein sehr kräftiges und junges Pferd hatte zu einem Ausritt verabredet. Das Ganze sollte ein gemütlicher Ritt im Schritt werden. Nach einigen Minuten Schritt einigten wir uns an einem steilen Hang darauf, dass wir nur ein wenig traben könnten. Gesagt getan, plötzlich jedoch schrie meine Mitreiterin „ich kann ihn nicht mehr halten, er geht durch“. Etienne natürlich wie von der Tarantel gestochen hinterher im Galopp. Meine Hoffnung war noch die, die beiden würden am Ende des Hangs aufhören zu galoppieren. Dem war leider nicht so. Der weitere Streckenverlauf führte auf einem schmalen Weg links und rechts durch Bäume abgegrenzt direkt auf einen Betonweg mit einer Schranke von ca. 1.40 Meter zu. Es gab keine Möglichkeit die Pferde in eine Volte zu bringen, da wir sonst direkt auf die Bäume geritten wären. Meine Angst wurde unendlich, aus Sekunden wurden gefühlte Stunden. Ich wusste nur, ich muss dem ganzen Spuk ein Ende bereiten. Ein Fehler, den man als Reiter in solchen Situationen gerne macht ist, dass man die Zügel immer weiter an sich heranzieht. Damit bewirkt man aber gerade, dass das Pferd immer schneller wird. Auch ich habe diesen elementaren Fehler begangen, so dass die Schranke immer näher rückte. Ich wusste einen Sprung über die Schanze würden wir beide nicht überleben, da ich ja keinerlei Erfahrung im Springen hatte. So entschloss ich mich mit dieser hohen Geschwindigkeit freiwillig auf den Asphalt zu werfen. Eine sehr schmerzhafte Erfahrung. Etienne blieb erneut unversehrt und wir konnten den rund 1 km zum Stall zu Fuß zurückgehen. Ich habe es noch wie auch immer geschafft, mit dem Auto nach Hause zu fahren, dort aber angekommen, wusste ich vor Schmerzen nicht mehr ein und aus. Damals hatten wir noch eine Galeriewohnung und ich benötigte an diesem Abend ca. 1 Stunde, bis ich alle Stufen genommen hatte, um mein Bett zu erreichen. Ich hatte zahlreiche Prellungen am gesamten Körper. Nichts desto trotz habe ich am zweiten Weihnachtsfeiertag eine andere Einstellerin gebeten, sie möge mir doch in den Sattel auf mein Pferd helfen. Wie sich später zeigte, war aber die Spitze des Eisbergs noch nicht erreicht.

Kapitel 12

Umzug in den nächsten Stall

Natürlich wurde mir auch hier die Anlage wieder sehr schmackhaft gemacht mit Argumenten wie „ Koppeln gibt es bei uns zur Genüge“, „Wir haben ein sehr schönes Ausreitgelände“ usw. Die Wahrheit sieht dann bereits nach kurzer Zeit immer anders aus. Man darf monatlich 400,- Euro für die Einstellung seines Pferdes berappen, die Koppeln sind dann meistens geschlossen, weil es wieder einmal zu nass ist und wehe, man nimmt sich eine Scheibe Heu, weil man der Meinung ist, das Pferd habe zu wenig bekom-

men. Sogleich bekommt man die schriftliche fristlose Kündigung und überhaupt, wenn man seinem Pferd Möhren mitbringt und dabei aus Versehen vergisst, die Tüte in den Müll zu werfen, findet man diese Tüte am nächsten Morgen, aufgehängt am schwarzen Brett, mit der Aufforderung diese doch künftig zu entsorgen.

Als dann der Sommer nahte, fragte ich beim Stallbetreiber Ende Mai vorsichtig an, ob er mir denn bitte einen Platz zuteilen könnte; ich wollte damit beginnen, mir meine Koppel aufzubauen, da ich schon immer der Auffassung war, Pferde gehören auf die

Koppel. Schon die Tatsache, dass man hier das gesamte Koppelequipment selbst stellen musste, wenn man sein Pferd dauerhaft auf die Koppel bringen wollte, hatte mich erstaunt. Da nannte der mich doch glatt einen „Psychopaten mit einem Koppelwahn". Das musste er mir nicht zweimal sagen und die Reise zog mich weiter in den 3. Stall.

Der dritte Stall gehörte einer früheren Schulkameradin von mir und lag im selben Ort, wie meine damalige Wohnung, so dass ich zu Fuß ungefähr 5 Minuten zum Stall hatte.

Jetzt also im dritten Stall angekommen hatte ich eine vermeintlich noch weitere Idee, um Etienne das Leben sozusagen zu verschönern. Diese Idee war mein Verhängnis und mein Neubeginn mit Etienne zugleich.

Da wir in unseren dicht besiedelten Ballungsgebieten nur sehr wenig Weideland haben, sind in den Ställen, in denen oft 40 bis 60 Pferde eingestellt sind, nur sehr wenige Koppeln vorhanden. In den Wintermonaten ist die Koppel sowieso ein Tabu. Ein Umstand, der mich schon seit langer Zeit gestört hatte.

Also gab ich eine Annonce auf, wonach ich nach einer Koppel in der Nähe des Stalls suchte. Ich fand diese Koppel für monatlich 100,- Euro, was natürlich ein Wucherpreis war, aber Etienne war mir das wert. Jetzt hatte ich die Koppel, brauchte aber dafür noch einen Weggefährten für Etienne. Es gab natürlich im Stall schon den einen oder anderen Anwärter. Problem war, dass man sich immer nicht einig darüber war, wann die Pferde auf die Koppel gehen sollten. So war es den einen an manchen Tagen zu regnerisch um das Pferd auf die Koppel zu bringen, ein anderes Mal war ein Turnier wichtiger.

Zum Thema Turnierreiten habe ich übrigens auch meine ganz eigenen Vorstellungen. Ich selber lehne das völlig ab, weil ich der Meinung bin, dass ein Pferd nicht Stunden lang in einem Hänger stehen will, um im Anschluss 5 bis 10 Minuten eine Aufgabe reiten zu müssen. Ich bin überhaupt der Meinung, dass kein

Pferd von sich aus jeden Tag einen Sattel aufgesetzt haben möchte, schon gar nicht, wenn er überfallartig auf das Pferd hinaufgeworfen wird und der Gurt gleich stramm angezogen wird. Ich selbst reite Etienne höchstens 3 Mal die Woche, die restliche Zeit machen wir Bodenarbeit, gehen spazieren oder gehen locker im Schritt ins Gelände.

So habe ich auch nie Bewunderung für diejenigen empfunden, die mit Mitte Vierzig auf einem A-Turnier reiten, bei dem die meisten Teilnehmer zwischen 13 und 17 Jahre alt sind, dort platziert werden und sich dann ihr Schleifchen voller Stolz ins Auto hängen. Was für ein Selbstbeschiss. Aber das muss jeder selbst wissen.

Ich hatte es satt und beschloss: Ein zweites Pferd muss her! Das bedeutete im Ergebnis, doppelte Stallmiete, doppelte Arbeit. Eigentlich wollte ich alles, nur kein zweites Pferd, zumal mir klar war, dass ich ein anderes Pferd niemals so lieben könnte wie Etienne, selbst wenn es das tollste Reitpferd wäre.

Ich weiß noch, dass es der 06. September 2008 war, an dem ich zu meiner Sekretärin sagte: Wir müssen heute das Programm ändern, ich möchte bis heute Abend ein zweites Pferd haben, damit Etienne ab morgen mit diesem Pferd auf die Koppel gehen kann. Wir machten uns also auf den Weg und wenn ich zu etwas entschlossen bin, ziehe ich das auch durch, und so kamen wir abends gegen 22.00 Uhr mit einer kleinen Ponystute mit dem Namen Lillifee im Stall an. Lilli war ein Schulpony in einem Reitverein und sollte angeblich deswegen abgegeben werden, weil sie für den Schulbetrieb zu klein sei. Lilli hatte keine Papiere, man kannte also ihr Alter, ihre Herkunft nicht und ich musste 1.500,- Euro berappen, um Lilli zu bekommen. Ich bin überzeugt, dass man sich auch hier die Hände gerieben hat und eine Dumme gefunden hat, die einen solchen Preis für ein Pony bezahlt. Mir war das egal, Hauptsache Etienne hatte einen Kumpel. Hinzu kam, dass ich dachte, Lilli könne Etienne lediglich als Beistellpferd dienen, so dass ich nicht allzu viel Zeit in dieses Pony investieren müsste. Im Nachhinein sind verschiedene Leute auf mich zugekommen und haben mich gefragt, wie ich dieses Pony habe kaufen können. Lilli habe im Schulunterricht jedes Kind herabgeworfen und sei auf die größten Pferde losgegangen. Dies bekam ich bald zu spüren. Lilli war restlos unerzogen, sie riss sich vom Strick, nur um auf die Wiese zum Grasen zu kommen, ließ sich dann nicht mehr einfangen und veräppelte jeden nach Strich und Faden. Dies wäre ja alles noch erträglich gewesen, wenn sie ihrer Aufgabe gerecht geworden wäre, ein gutes Beistellpferd für Etienne zu sein. Hier aber versagte sie völlig.

Von der ersten Sekunde an konnten die beiden sich nicht leiden. Lilli hat Etienne stets provoziert. Beim gemeinsamen Spaziergang war sie diejenige, die jeweils den Streit vom Zaun brach. Beide haben nacheinander ausgeschlagen, sich gebissen. Zu Lilli konnte ich leider nie einen Bezug aufbauen, es fehlte mir die Liebe für das Pferd. Ich wusste, dass das ungerecht war, mein Innerstes konnte es aber nicht anders. Dennoch habe ich es nicht über das Herz gebracht, Lilli wieder zurück in ihr „Gefängnis“ zu bringen. Ich ließ die Sache dann einfach laufen und versuchte es täglich neu, die beiden auf die Koppel zu bringen.

Kapitel 13

Erlebnis Westen: die Metropolen Los Angeles, Phoenix, Las Vegas, San Francisco, Nationalparks und Natur: Grand Canyon …

Wenn Sie mir bis hierher gefolgt sind, werden Sie spätestens jetzt sagen, „wie bescheuert ist die eigentlich noch“.

Mein 40-igster Geburtstag stand an, Sie erinnern sich, ich wollte mir zu diesem Ehrentag ein Pferd kaufen. Mit Etienne hatte ich jetzt bereits 5 Jahre die Ehre und von außen betrachtet könnte man schon sagen „Nichts als Ärger gehabt“. Dass ich das anders sah, werden Sie gleich erfahren.

Ich bin sicher, jeder andere - ich will nicht sagen normale Mensch - wäre jetzt vor Freude aus dem Häuschen gewesen. Mein Mann schenkte mir eine 16-tägige USA quer durch den Westen der USA zusammen mit ihm. So etwas bekommt man wirklich nicht alle Tage, manchen Menschen wird vielleicht nie das Glück hold sein, eine solche Reise machen zu können. Glücklicherweise - so als ob er es schon ahnte - konfrontierte er mich bereits einige Wochen vor meinem Geburtstag mit diesem Geschenk. Meine sofortige Antwort war: „Die Reise kannst Du gerne alleine antreten, ich aber bleibe bei Etienne. Ich kann doch mein Pferd nicht alleine lassen, wer soll sich um sie kümmern, sie braucht mich in jedem Fall.“ Seit diesem Tag hat mein Mann nie mehr den Versuch unternommen, mich zu etwas einzuladen was über eine Zeitspanne von nur wenigen Stunden hinaus geht, weil er genau weiß, dass ich Etienne nie über einen längeren Zeitraum allein lasse. Er war derart sauer auf mich - was ja auch durchaus verständlich ist - und trat die Reise alleine an.

Ich hingegen verbrachte meinen 40-igsten Geburtstag tagsüber im Stall bei Etienne und abends habe ich meinen Vater in ein Gourmet Lokal eingeladen, meine Mutter war zu diesem Zeitpunkt wegen einer Hüftoperation im Krankenhaus. Wir haben gemütlich gegessen und ich konnte wieder von meinem ach so schönen, aber auch schwierigen Pferd schwärmen.

Nach 16 Tagen kam mein Mann wieder aus den USA zurück, zeigte mir seine ganzen Photos von dieser Reise und ich war froh, dass ich bei Etienne geblieben war. Verständnis hatte hierfür natürlich niemand mehr.

Kapitel 14

Etienne setzt alles auf eine Karte

Inzwischen war es Anfang April 2009, das Gras auf den Koppeln begann allmählich zu wachsen und ich nahm mir vor, am 07. April 2009 meine beiden Pferde Etienne und Lilli wieder einmal auf die Koppel zu bringen, in der Hoffnung, es werde noch ein Wunder geschehen, indem die zwei sich doch noch anfreunden würden.

Hier hatte ich aber nicht mit Etienne gerechnet. Ich ging an jenem 07. April 2009 gegen 15.45 Uhr auf die Koppel, um die beiden wieder zurück in ihren Stall zu bringen. Ich hatte damals mit meiner Sekretärin vereinbart, sie solle um 16.15 Uhr ebenfalls auf die Koppel kommen, damit jeder von uns nur ein Pferd führen musste, da die Entfernung von der Koppel zum Stall schon einen Fußmarsch von wenigstens 10 Minuten beanspruchte. Diese Verabredung stellte sich im Nachhinein für mich möglicherweise als lebensrettend dar.

Kaum war ich auf der Koppel angekommen, sah ich die beiden wie sie auf der Koppel tobten und gegenseitig nacheinander ausschlugen. Etienne war wie im Rausch und ging unablässig auf das Pony los. Ich war mir sicher, dass wenn ich jetzt nicht eingreifen würde, das Pony diese Attacken nur schwer verletzt überstehen würde. Dann habe ich keine Sekunde überlegt, ob es sinnvoll ist, in diesen Streit einzutreten, ohne eine Gerte in der Hand zu haben und bin in die Koppel eingetreten. Es gelang mir noch die beiden zu trennen. Und dann geschah für mich das damals Unfassbare: Ich wollte mich bereits wieder zum Ausgang der Koppel begeben, als Etienne sich unvermittelt nach mir umdrehte und mit ihrem linken Hinterbein kräftig ausholte und mich dabei am Becken traf. Es kam zum einen der gravierende Umstand hinzu, dass Etienne zum damaligen Zeitpunkt noch einen Eisenbeschlag hatte, heute geht sie barhuf, dass Etienne ein sehr kräftiges Pferd ist, dass wohl rund um die 650 kg wiegen dürfte und dass ich dummerweise meinen gesamten Schlüsselbund in meine enge Reithose gesteckt hatte, und der Huf genau auf diesen Schlüsselbund prallte. Etienne setzte mich jedenfalls Schach matt!

Glücklicherweise ist mein Hund Artax verschont geblieben, den ich an diesem Tag dabei hatte. Er hatte aber wohl so viel Grips, dass er nicht in die Koppel hineinging. Wäre ihm etwas passiert, so weiß ich, dass mir das mein Mann nie verziehen hätte, da Artax seine große Liebe ist.

Ein weiterer unglücklicher Umstand war, dass ich ausgerechnet an jenem Tag eine andere Reitjacke angezogen hatte und mein Handy in der Reitjacke vom Vortag steckte. Weit und breit war außer mir niemand. Wenn man mich heute fragt, wie ich es eigentlich noch geschafft habe, wieder aus der Koppel herauszukommen, nachdem ich diesen Schlag ins Becken bekam, muss ich sagen, ich weiß es nicht mehr. Ich weiß nur, dass der Mensch ganz enorme Kräfte freisetzen kann, wenn es um sein Leben geht.

So lag ich also da, merkte, dass ich mich nicht mehr bewegen konnte und sah, wie das Blut wie ein kleines Bächlein nur so aus mir heraus rannte und sich die Reithose allmählich gänzlich mit Blut vollgesogen hatte. Hier war mir zum ersten Mal bewusst, dass ich am nächsten Tag nicht wieder einfach zur Tagesordnung übergehen konnte, um mein Ding mit Etienne einfach wie gehabt weiter durchzuziehen.

Die verbleibenden 15 Minuten, bis meine Sekretärin kam, kamen mir wie eine Ewigkeit vor. Ich überlegte noch, was wird mein Mann dieses Mal sagen, wenn er hört und sieht, was nun schon wieder vorgefallen war. Er hatte mir stets prophezeit, dass ich eines Tages einen schweren Unfall mit Etienne haben würde, da ich ihm in den vergangenen Jahren immer wieder von Ausritten berichtet hatte, bei denen ich mich in sehr gefährlichen Situationen befand. Immer wieder sagte ich zu ihm: „Heute war es wieder knapp". Mein Mann wusste schon, warum er sofort wieder mit dem Reiten aufgehört hat. Wir hatten damals versucht, ein neues Hobby für uns beide aufzubauen, er merkte aber sehr schnell, dass er Pferden nichts abgewinnen kann, nein im Gegenteil, er ängstigt sich vor ihnen. Mit dieser Einstellung sollte man in der Tat das Reiten sein lassen.

Als nun meine Sekretärin nach gefühlten Stunden endlich an der Koppel ankam, hatte sie von weitem das Desaster noch nicht bemerkt, ich winkte ihr zu, sie solle schneller kommen, was sie als freundlichen Gruß von mir interpretierte. Dann aber verließen mich meine Kräfte endgültig. Ich kann mich noch Dunkel daran erinnern, wie der Notarztwagen kam und mir sofort eine Spritze gab, die mich für längere Zeit in einen tiefen Schlaf versetzt hatte. Es ging dann mit Blaulicht in die erste Klinik, welche sich ca. 5 km vom Stall befand. Dort wurde ich geröntgt und man teilte mir als Diagnose mit: „Offene Beckenfraktur". Schließlich schob man mich in dieser Klinik einige Stunden hin und her, bis man mir die Nachricht überbrachte, dass man mich hier nicht operieren könne. Deswegen musste man mich erneut mit Blaulicht in eine weitere Klinik verbringen, wo ich zunächst notdürftig versorgt mein

Dasein auf einem Krankenhausflur fristen durfte. Gegen 21.00 Uhr erschien dann mein Mann, nachdem ihn unsere Sekretärin über den Unfall informiert hatte. Ich hatte befürchtet, dass jetzt ein Donnerwetter über mich hereinbrechen würde, aber er blieb ganz ruhig. Das ist eine seiner Stärken. Je brenzlicher eine Situation wird, umso ruhiger wird er. Wir haben dann gemeinsam entschieden, dass ich nicht noch am selben Abend operiert werden sollte, sondern lieber die Nacht auf der Intensivstation verbringe. Die OP wurde dann für den nächsten Morgen angesetzt. Ich bat meinen Mann, meine Eltern noch nicht zu informieren, da auch sie aus meinen Erzählungen im Verlauf der letzten 6 Jahre mit einem schweren Unglück gerechnet hatten. Als meine Mutter dann am nächsten Morgen unterrichtet wurde, fuhr sie sofort los, überfuhr dabei sämtliche Ampeln bei Rot, die Behörden hatten aber im Nachhinein Verständnis für ihre Situation, so dass sie nicht einmal einen Bußgeldbescheid erhielt. Die Ärzte operierten mich dann am nächsten Vormittag ca. 3 Stunden und setzten mir dabei 2 Metallplatten und 10 Nägel ein, um das Becken sozusagen wieder zusammenzuflicken. Diese Metallteile trage ich bis zum heutigen Tag in mir. Die Narbe, die mir geblieben ist, wird ein ewiges Andenken an Etienne sein. Zum ersten Mal in meinem Leben lag ich mit Flügelhemd und Drainagen in meinem Körper in einer Klinik und war handlungsunfähig. Ein für mich bis dato gänzlich fremder Zustand. Der operierende Arzt meinte dann ich hätte großes Glück gehabt, da der Schlag nur 0,5 cm an der Milz vorbeiging. Eine weitere Aussage von ihm, die mir bis zu diesem Zeitpunkt gar nicht so richtig bewusst war, war diejenige, dass Reitunfälle zu den schlimmsten Unfällen zählen, die es überhaupt gibt. OK, dann wusste ich dies eben jetzt auch.

Nachdem die Formalien, wie sieht der Speiseplan aus - alles absolut ungenießbar -, wann fangen wir mit der Krankengymnastik an, wie führe ich vom Krankenhaus mein Geschäft weiter, usw., besorgte meine Sekretärin mir gleich einen Laptop und so konnten sämtliche Akten ganz normal abgearbeitet werden. Die Ärzte frozelten bereits, ob ich nicht noch einen Drucker brauche und meine Mandanten empfangen möchte. Ich musste mich dann auch mit der entscheidenden Frage befassen: „Was wird nun aus Etienne“? Mein Mann wollte die Radikallösung und meinte, er hätte sie am liebsten noch auf der Koppel erschossen, denn wenn ein Pferd gezielt auf einen Mensch losgeht, kann es nur noch eine Lösung geben. Ich sagte ihm sofort, wenn er diese Maßnahme ergreifen würde, wir geschiedene Leute seien, was ihn dann doch von seinem Vorhaben abgebracht hatte. Jetzt lag ich bewegungsunfähig im Krankenhaus und musste mir Gedanken dazu machen, wie es mit Etienne und auch mit dem Pony Lilli, welches ich ja auch noch am Hals hatte, weitergehen würde. Es musste der Stallvertrag gekündigt werden, da klar war, dass beide Pferde nicht in dem Stall bleiben konnten. Dort hätte sich täglich jemand um die Tiere kümmern müssen und bei mir war absehbar, dass ich das nächste halbe Jahr bewegungstechnisch wohl außer Gefecht sein würde.

Da ich die Lösungsmöglichkeit meines Mannes natürlich nicht favorisiert hatte, gab es für mich zwei weitere Alternativen: Entweder Etienne wird verkauft oder ich bringe sie auf eine Gnadenkoppel. Etienne zu verkaufen, hätte ich niemals über das Herz gebracht. Wem hätte ich sie auch verkaufen sollen? Ich hätte Farbe bekennen müssen, weshalb ich Etienne verkaufe und ich bin sicher, dass ich dann auch keinen Käufer gefunden hätte. Diese Möglichkeit habe ich aber auch keine Sekunde ernstlich in Erwägung gezogen. Mit einem meiner Telefonate hatte ich Erfolg. Ich erhielt den Vorschlag Etienne auf eine Koppel in der Nähe von Schloss Lichtenstein zu bringen, die eine Fläche von 20 Hektar und eine Pferdegruppe von ca. 20 Pferden pro Gruppe hatte, insgesamt gab es zwei Gruppen dort. Da ich ja nicht selbst in der Lage war, mir dieses neue Domizil anzusehen, bat ich meinen Vater, er möge sich dieses doch bitte ansehen und mir sagen, ob ich diese Möglichkeit in Erwägung ziehen könnte. So tat er mir diesen Gefallen und brachte mir zahlreiche Photos mit, anhand deren ich mich überzeugen konnte, dass Etienne dort gut untergebracht werden könnte. Da ich zu diesem Zeitpunkt nicht wusste, wie ich mit Lilli umgehen sollte, habe ich auch sie auf diese Koppel gebracht, sie kam dann in die andere Gruppe. Mein Unfall war in der Karwoche an einem Dienstag passiert, bereits am Ostersamstag hatte ich alles so weit organisiert, dass beide Pferde ihre Reise miteinander antreten konnten.

Erst langsam aber sicher realisierte ich nun, was geschehen war. In einem Krankenhaus, zumal noch in einem Einbettzimmer, hat man ja genügend Zeit zum Nachdenken. Es war klar, dass ich Etienne jetzt für immer verloren hatte. Ich weiß nicht, wie viele Tränen ich in dieser einen Woche, in der ich mich im Krankenhaus befand, vergossen habe. Die Krankenschwestern und auch die behandelnden Ärzte sahen mich in dieser Woche Krankenhausaufenthalt nur mit Tränen in den Augen und meinten - aus ihrer durchaus verständlichen Sicht, dass ich doch froh sein sollte, dass ich mich von solch einem aggressiven Pferd getrennt hätte und ich noch leben würde. Auf der einen Seite war ich Etienne böse, dass sie mir „so etwas angetan" hatte, auf der anderen Seite wiederum war meine Liebe zu ihr nach wie vor intensiv in mir.

Mein Vater, der dann auch dabei war, als Etienne sozusagen in die Freiheit entlassen wurde, berichtete mir, dass Etienne in die Gruppe hineinging und dort zunächst von allen 20 Gruppenmitgliedern bis an ihre Grenzen gejagt wurde, ich mir aber keine Sorgen machen müsste, da sich das sehr schnell legen würde, dies hatte ihm der Betreiber dieser Alterskoppel versichert. Mit dieser Aussage machte ich mir natürlich Sorgen um Etienne, versuchte mich aber damit zu trösten, dass ich mir sagte, Etienne hat trotz meiner jahrelangen intensiven Fürsorge nicht vor mir halt gemacht und zum Dank bekommt sie jetzt noch die Freiheit. Ich habe mir eingeredet, dass ich mit dieser Aktion Größe zeige. Ich sollte sehr schnell erfahren, dass ich mir hier selbst etwas vormachte, um meinen Schmerz über den Verlust von Etienne erträglicher zu machen.

Körperlich ging es dann sehr schnell mit mir aufwärts, bereits eine Woche später konnte ich mit Krücken an der Hand das Krankenhaus verlassen.

Kapitel 15

Mein erster Besuch bei Etienne nach dem Unfall

Man riet mir, ich solle die ersten 4 bis 6 Wochen der Eingewöhnungsphase das Pferd in keinem Fall besuchen, da diese Phase für jedes Pferd Stress bedeute, was äußere Spuren hinterlassen könnte, was dann sicherlich belastend für mich sein könnte.

Meine Eltern und mein Mann hegten anfangs noch die Hoffnung, dass ich es über mich bringen könnte, einfach nur noch die monatlichen Kosten für Etienne und Lilli zu übernehmen und Etienne alleine ihrem Schicksal auf ewig überlassen würde. Mit dieser Hoffnung lagen sie natürlich völlig falsch.

So beschloss ich dann ca. Mitte Mai 2009, Etienne war bis dato also vier Wochen auf dieser Koppel, mich von meinem Vater dorthin fahren zu lassen, da ich ja noch nicht selbst in der Lage war Auto zu fahren. Die Fahrt von meinem damaligen Zuhause bis zu Etienne betrug ca. 1 Stunde einfache Strecke. Entgegen jeder Vernunft bin ich auf Krücken gehend in die Herde hineingegangen und habe nach Etienne gesucht. Als ich sie dann erblickt habe, traute ich meinen Augen nicht. Mein wunderschönes Pferd, auf dessen Optik ich stets so stolz war, war binnen eines Monats zu einem Wrack geworden. Sie war mit Bisswunden übersäht und hatte stark an Gewicht verloren. Darüber hinaus wirkte sie sehr ungepflegt, da sich dort ja niemand um sie kümmerte. Die Tränen, die sich schon auf der Fahrt zu Etienne stauten, ließen sich jetzt nicht mehr aufhalten. Am liebsten hätte ich Etienne sofort wieder mitgenommen, mein Verstand sagte mir aber schon, dass das nicht möglich ist. Es wurde mir wieder und wieder gesagt, ich solle mich nicht aufregen, dies sei bei jedem Pferd am Anfang so. Etienne müsse sich erst ihren Platz in der Herde verschaffen, sie würde sich schon durchbeißen. In einem Zustand der völligen Leere fuhr ich dann wieder nach Hause.

Kapitel 16

Körperliche Genesung

Als ich am 15.04.2009 das Krankenhaus verlassen durfte, teilte man mir mit, dass es nun mindestens ½ Jahr dauern würde, bis ich wieder einigermaßen, d.h. auch ohne Hilfsmittel, laufen könne.

Ich war natürlich zunächst sehr frustriert, weil ich auf einmal abhängig war. Meine Mutter spielte den Fahrdienst für mich, mein Mann musste mich ins Bett bringen und auch wieder herausholen. Ich musste über einen Zeitraum von 6 Wochen mir täglich eine Spritze gegen Thrombosegefahr in den Bauch stecken, bis ich vor lauter blauen Flecken am Bauch gar nicht mehr wusste, wo ich noch hin stechen sollte. Ich war nur schlecht gelaunt, was mein näheres Umfeld Tag für Tag zu spüren bekam.

Da wir in unserer Kanzlei Seminare veranstalten, war schon weit im Vorfeld für den 27.04.2009 ein Tagesseminar in München und für den 03.05.2009 ein weiteres Tagesseminar in Stuttgart geplant, bei denen ich die ausschließliche Rednerin sein sollte. Für mich kam es natürlich nicht in Frage, diese Seminare platzen zu lassen und so stand ich bereits am 27.04.2009 den ganzen Tag stehend mit Krücken an der Hand vor 50 Teilnehmern. Meine Begründung für meine Gehhilfen war:

„Mein Pferd hat es für nötig erachtet, mir in mein Becken zu schlagen und es mir zu zertrümmern“

Ein Raunen ging durch die Menge und dann konnten wir auch anfangen. Ich habe, obwohl es sehr anstrengend war und ich eine Vielzahl von Schmerztabletten einnehmen musste, durchgehalten und das war mir wichtig.

Das Schlimmste aber für mich war, dass ich keinen Sport mehr treiben konnte und nur sehr wenig Bewegung hatte. Sport hat für mich schon immer eine zentrale Rolle gespielt, so dass ich fest entschlossen war, alles daran zu setzen, schnellstmöglich wieder auf die Beine zu kommen. Am 02.06.2009, also rund sechs Wochen nach meiner Klinikentlassung stand ich wieder auf dem Tennisplatz. Rein körperlich gesehen, war bei mir also nach kurzer

Zeit alles wieder in Ordnung. Die zwei Platten und die zehn Nägel, die noch heute in meinem Becken sitzen, nehme ich kaum zur Kenntnis. Sie fallen zwar am Körper auf, das stört mich aber nicht weiter. Auch kann ich heute wieder reiten, ohne dass ich mich beeinträchtigt fühle, größere Stürze sollte ich aber vermeiden.

Kapitel 17

Auf der Suche

Da ich mich in den vergangenen 6 Jahren regelrecht in Etienne hineingesteigert hatte und versuchte jede freie Minute mit ihr zu verbringen, entstand für mich nun logischerweise eine große Lücke, die es irgendwie zu füllen galt. Es gab in dieser Zeit eigentlich nur meine Arbeit und Etienne. In diesen letzten 6 Jahren wurde auch mehrfach die Beziehung zwischen mir und meinem Mann in Frage gestellt, da ich zum einen stets mit meinen Gedanken nur bei Etienne war, ich also über kein anderes Thema mehr reden konnte und zum anderen meine Freizeit eben nicht mit meinem Mann, sondern mit Etienne verbracht habe, was ich ja schon eindringlich demonstriert habe. Mein Mann hat mir in dieser Zeit sehr oft gesagt, dass er die Beziehung beenden würde, wenn ich nicht aufhören würde, mich nur noch ausschließlich mit Etienne zu beschäftigen. Dies hatte sich ja nun erledigt und ich dachte, vielleicht wäre es ja eine Möglichkeit, die vergangenen 6 Jahre nun mit ein paar gemeinsamen Urlaubsreisen wieder wett zu machen.

So buchten wir zunächst für den Juni 2009 ein Wellness-Wochenende in Naturns in Südtirol, unser 10-jähriges Firmenjubiläum feierten wir in Rom und sodann wollte ich nach über 30 Jahren nochmals nach Milano Marittima an die Adria fahren. In Naturns gab ich massenweise Geld für Aromamassagen und sämtliche Bäder (Algenbad usw.) aus, saß schwitzend in den zahlreichen Saunen, die es dort gab - was ich eigentlich gar nicht gerne mag -, in Rom verfiel ich in einen wahren Kleiderkaufrausch und an der Adria tummelte ich mich wie die Ölsardinen bei 36 Grad im Schatten am Strand. Ich konnte all diesen Unternehmungen keinen Gefallen abgewinnen, in mir war eine völlige Leere. Außerdem erinnerte mich jede Kleinigkeit an Etienne. In Rom sah ich die Pferdekutschen, die die Touristen von einer Sehenswürdigkeit zur nächsten bringen und musste dann stundenlang mit meinem Mann darüber debattieren, was dies für arme Geschöpfe seien. Ich tröstete mich dann damit, dass Etienne im Gegensatz zu diesen armen Tieren wenigstens jetzt ihre Freiheit hatte. Ich hätte am liebsten all diese Touristen persönlich von der Kutsche gezogen.

Ich dachte mir dann, es könnte vielleicht eine gute Idee sein, wieder mit dem Tennis spielen anzufangen. Ich hatte bereits mit 9 Jahren Tennisunterricht erhalten und kann sagen, dass ich Tennis spielen im Gegensatz zum Reiten - ich werde immer ein schlechter Reiter bleiben - wirklich richtig gut kann. Ich habe viele Jahre im Verein für eine Mannschaft gespielt und hatte früher einen irren Spaß an diesem Hobby. So sagte ich mir, vielleicht gelingt es mir hierdurch, Etienne ein wenig in den Hintergrund zu rücken. Ich kaufte mir also eine komplett neue Tennisausrüstung (Schläger, Schuhe und was sonst noch alles dazugehört) und aktivierte meinen ehemaligen Tennispartner, der natürlich mit seinen 62 Jahren entzückt darüber war, dass ich nunmehr nach 6 Jahren der Abstinenz wieder auf ihn zukomme. Er meinte, es sei gut, dass ich „Hotti Hüh“ hergegeben hätte, von ihm hätte ich doch viel mehr. So trat ich also auch wieder in den Tennisverein ein, nahm wieder ein paar Trainingsstunden, ich hatte noch nichts von meinem Können verlernt. So verabredeten wir uns für 1 bis 2 Mal die Woche zum Tennis. Aber auch hier merkte ich bei Zeiten, dass dies auch keine Ersatzlösung für Etienne ist. Ich empfand keine Freude mehr an diesem Sport, ja ich erachtete es sogar beinahe als sinnlos, auf diesen gelben Filzball einzuschlagen. Selbst meinen Tennispartner textete ich pausenlos mit Geschichten über Etienne zu.

Natürlich hätte ich mich ja auch für das Golf spielen entscheiden können, wo man sich dann im Anschluss im Clubhaus darüber hätte unterhalten können, wer wann wieder in die Sansibar nach Sylt fährt, wer das neueste Cabriolet fährt usw. Sicherlich hätte mir das geschäftlich auch ein paar neue zuträgliche Mandate gebracht. Das ist aber überhaupt nicht meine Welt und ich bin sicher, dass dies keine Alternative für mich gewesen wäre.

So versuchte ich es mit der dritten Variante, dem Konsum. Da wir bislang zur Miete gewohnt hatten und seit Jahren Geld auf die Seite gelegt hatten, wollte ich nun unbedingt ein Penthouse haben. Ich habe dann im Sommer 2009 all meine Konzentration auf die Suche eines solchen gelenkt und bin auch fündig geworden. Meinem Mann gefiel dieses Penthouse auf Anhieb, so dass wir zugeschlagen haben. Wenn es nach ihm gegangen wäre, hätten wir dort bis an unser Lebensende wohnen können. Wir haben dann das Penthouse noch aufwendig renoviert, um uns auch wohlzufühlen. Einzug war dann im November 2009. Meine Hoffnung erfüllte sich nicht, ich habe mich keinen Tag dort wohlgefühlt.

Da ich schon seit meinem 18. Lebensjahr ein großer Fan von schnellen Autos war, beschloss ich auch hier noch groß einzusteigen und bestellte mir einen BMW X6. Ein Fahrzeug, ähnlich einem Panzer, das wohl schön ist, aber ganz bestimmt nicht zu einer Frau mit 1,63 cm Körpergröße passt. Auch hier zeigte sich schnell: ein Fehlkauf. Nun hatte ich also zwei teure Investitionen in den Sand gesetzt. Wenn wir nicht über die finanziellen Mittel für diese Frustkäufe verfügt hätten, wären wir heute pleite. Hier wurde mir sehr deutlich klar, dass das Anhäufen von Statussymbolen kein Weg zu echter Lebensfreude und Glück ist. Trotz all diesem materiellen Firlefanz hatte ich überhaupt keine Energie und Freude mehr.

Einen letzten Versuch, meinem Leben wieder eine geordnete Bahn zu geben, bestand darin, mich in meiner Arbeit zu vergraben. Aber auch Lob und Anerkennung brachten mich nicht weiter. Es ergab einfach so alles keinen Sinn mehr für mich. Ich darf behaupten, dass ich mich im Jahr 2009 in einer der größten Lebenskrisen die ich bis dato hatte, befand. Viele mögen sich sagen „und das alles wegen einem Pferd“. Sicher diesen Satz habe ich auch oft gehört, mir war das völlig egal, was andere meinten, ich kam emotional von Etienne nicht los. Heute aber weiß ich, woran das lag und eben Etienne genau mein Pferd ist. Dazu komme ich aber noch.

Kapitel 18

Sonntagskaffeekränzchen

Nachdem ich im Mai 2009 den ersten Besuch bei Etienne hinter mich brachte, bürgerte es sich ein, dass ich jeden Sonntag zusammen mit meinen Eltern zu Etienne und Lilli auf die Koppel fuhr. Für meine Eltern war dies eine willkommene Abwechslung, zumal in der Nähe der Koppel ein sehr gutes Restaurant mit großem Biergarten platziert war, in dem es sich prima Kaffee trinken und Kuchen essen ließ. Am Ende waren wir soweit, dass meine Eltern meinten, Etienne wolle heute sowieso nichts von mir wissen, wir könnten gehen und Kaffee trinken. Das hätte, wenn es nach dem Willen meiner Eltern gegangen wäre, noch 10 Jahre so weiter gehen können; dies soll keine Kritik an meinen Eltern sein, sie hatten ja keinen Bezug zu Etienne und meinten, es sei äußerst wohlwollend von mir, dass Etienne jetzt doch so ein schönes Leben habe. Das mit dem schönen Leben meinten sie auch wirklich ernst und für sie war das ein schöner Sonntagsausflug.

Ich dagegen saß jeden Sonntag mit Tränen überströmt in diesem Lokal. Jeder Besuch bei Etienne zeigte mir, dass sie sich immer mehr von mir entfernte. Manchmal, wenn ich kam, konnte es sein, dass sie sich nicht einmal ihr Halfter von mir überziehen ließ und sich nicht aus der Gruppe entfernen wollte. Habe ich ihren Namen gerufen hat sie teilweise nicht einmal aufgeschaut. Wenn ich sie herausnehmen konnte, geschah das nur widerwillig. Im Grunde genommen, beachtete sie mich gar nicht mehr. Meine Besuche hatten sich letztlich darauf beschränkt, dass ich sie mehr oder weniger beobachtet habe, heran kam ich aber nicht mehr an sie. Als es mir einmal gelang, sie aus der Gruppe zu nehmen, wollte ich ein wenig spazieren mit ihr gehen. Ich musste dieses Vorhaben nach knapp 5 Minuten wieder abbrechen und Etienne wieder in die Gruppe bringen, da sie stieg, und wieherte. Ihre Freunde waren nun die alten Omas und Opas, die dort auf der Koppel standen und nicht mehr ich, bzw. stellte ich mir die Frage, ob ich je Etiennes Freundin war und woran es lag, dass es mir nicht gelungen ist, ihr eine Freundin zu sein. Ich hatte doch - so

nach meinem Dafürhalten - alles aber auch alles für sie getan. Ich hätte sogar meine Beziehung mit meinem Mann für Etienne in Frage gestellt.

Der Betreiber dieser Koppel erklärte mir bei jedem meiner Besuche, dass es Etienne hier sehr gut gehen würde, sie hätte sich gut eingelebt und ein Pferd wolle sowieso nichts tun, geritten werden, wolle es schon gar nicht. Das konnte mich natürlich nicht beruhigen, da mir klar war, dass der Betreiber der Koppel dies ja aus purem Eigennutz sagte, denn jedes Pferd brachte ihm monatlich 180,- Euro ein, nur dafür, dass es auf seiner Wiese stand.

Für ein Pferd im besten Alter kann es auf Dauer keine Alternative sein nur noch auf das Altenteil abgestellt zu werden und nichts mehr tun zu müssen. Im Prinzip arbeitet Etienne nämlich sehr gerne, wenn man es eben mit Spaß und ohne Druck macht. Das ist wie bei einem Mensch, der in Rente geht und dann überhaupt nichts mehr macht. Ein solcher Mensch altert viel schneller wie jemand, der auch im Rentenalter noch aktiv bleibt und sich täglich neuen Aufgaben stellt. So ähnlich ist das bei einem Pferd auch.

Meine Trauer um Etiennes Verlust ging nunmehr so weit, dass wenn ich beim Auto fahren bestimmte Lieder gehört hatte, ich diese mit Etienne assoziiert hatte und meine Tränen nur so davon geflossen sind. Ich hatte erkannt, dass das Leben für mich ohne Etienne überhaupt keinerlei Sinn mehr hatte. Manch einer mag das nun als zu tiefgreifend empfinden, für mich war das aber genau so. Wenn ich heute diese Musik nutze, ich habe sie immer noch, setze ich sie zum Reiten ein und dann bin ich immer so glücklich, dass ich jetzt mit dieser Musik, die mich einst so traurig gestimmt hat, zusammen mit Etienne genieße.

Kapitel 19

Ein reifer Entschluss

Gegen Ende 2009 war ich dann an einem Scheidepunkt angelangt: Entweder ich würde mir ein neues Pferd kaufen, diesmal würde ich darauf achten, dass es älter und erfahren ist und damit würde ich Etienne endgültig abschreiben und mir auch die sonntäglichen Besuche nicht mehr antun oder ich würde es noch einmal mit Etienne versuchen, sprich sie zurück zu mir holen. Ich entschied mich nach vielen Monaten und zahlreichen Nächten, in denen ich darüber nachgedacht habe, wie es mit mir und Etienne jetzt weitergehen sollte für Variante 2. Als ich meinen Entschluss dann in die Runde gab, gab es die verschiedensten Reaktionen. Meine Mutter meinte, dies sei ihr von Anfang an klar gewesen, dass ich Etienne nicht zurücklassen würde. Mein Vater sagte, dass wenn ich Etienne zurückholen würde, er vorher persönlich auf diese Alterskoppel fahren würde und sie erschießen würde.

Meine damalige Reitlehrerin meinte, ich könne Etienne niemals mehr reiten, der Betreiber der Koppel meinte, Etienne sei ein Pulverfass, ich könne gar nicht so schnell gucken, wie Etienne wieder bei ihm sei. Einzig mein Mann sagte ganz ruhig zu mir: „Hol Etienne bitte wieder zurück, du hast ohne sie kein Leben. Ich kann deine Depression nicht mehr länger ansehen.“ Hier erhielt ich also von meinem Mann das Go!

Mir war bewusst, dass es nicht möglich sein würde, Etienne einfach so in einen Stall, wo auch immer der sein sollte, zurück zu bringen und wieder auf die Assgeier zurückzugreifen. Ich musste einen kompletten Neuanfang hinbekommen und dazu gehörte auch, dass ich bereit war, mein Verhalten zu ändern. Alleine traute ich mir das nicht zu. Von den Assgeiern hatte ich längst die Nase voll, ein Telefonanruf hätte genügt, und alle wären wieder da gewesen, die nächste Pleite mit Etienne wäre also vorprogrammiert gewesen. Einen Bereiter würde ich also ganz bestimmt nicht um Rat fragen. Es musste jemand sein, der mir zeigt, wie genau ich mit diesem Pferd, zum damaligen Zeitpunkt durchaus als Problempferd zu bezeichnen, umzugehen hatte.

Da man heutzutage ja alle Adressen über das Internet herausbekommt, gab ich einfach den Suchbegriff „Problempferdehilfe“ ein. Ich wurde auch schnell fündig. Am 05.02.2010 fuhr ich mit Frau Patricia B. zu Etienne auf die Koppel. Sie sah nur zu, wie ich mit Etienne umging. Dann machte sie mir klar, dass Etienne Dominanz brauchte. Ich müsse lernen die Führung zu übernehmen, dazu gehören vor allen Dingen eine tiefe Stimme und eine aufrechte Körperhaltung. Diese ist mir natürlich im Auftreten gegenüber Etienne in den vergangenen Jahren etwas abhanden gekommen, da ich durch die vielen negativen Erfahrungen im Unterbewusstsein eine gewisse Angst vor Etienne verspürte.

Heute weiß ich, dass die Beziehung Mensch-Pferd nur funktioniert, wenn man als Mensch immer die Oberhand behält. Nur dann kann sich ein Pferd auch sicher bei einem Mensch fühlen. Ein Pferd testet die Rangordnung immer wieder aufs Neue aus und man darf seinen Rang nie abgeben, denn dann kann es auch wirklich gefährlich werden, wie ich ja am eigenen Leibe erlebt habe. Auch Etienne testet das heute ab und an, es genügt jetzt aber schon, wenn ich meine Hand hebe und ihr damit etwas verbiete. Sie käme heute nicht mehr auf die Idee, mich auch nur im Ansatz beißen zu wollen.

Wenn ich jetzt mit Etienne ins Gelände gehe, herrscht zwischen uns die absolute Harmonie. Dieses Gefühl ist unbeschreiblich. Früher war ich bei jedem Ausritt stets auf der Lauer, Etienne könne eine Dummheit begehen, sich erschrecken oder auf einmal losrennen. Diese Ängste waren ja auch nach alldem, was Sie nun erfahren haben, durchaus begründet. Heute können wir uns gegenseitig aufeinander verlassen, weil Etienne mir vertraut. Sie fühlt sich sicher und wir bestimmen gemeinsam unseren Weg.

Diese Dominanz erreicht man aber nicht in dem man mit aller Wut auf sein Pferd mit der Gerte einschlägt, weil es vielleicht gerade nicht so läuft wie es dem Wunsch seines Besitzers entspricht, sondern in dem man klar und bestimmt auftritt und dem Pferd zu verstehen gibt, „bei mir bist du sicher". Sie können nicht ernstlich erwarten, dass Ihr Pferd sie liebt, wenn Sie abends nach der Arbeit - womöglich hatten Sie einen stressigen Tag - den Sattel auf Ihr Pferd werfen und sich überfallartig in den Sattel schwingen.

Ich hatte Etienne also die letzten 6 Jahre nicht verstanden und deswegen hat sie sich auch letztlich von mir abgewendet. Sie war enttäuscht von mir.

Der Tag war für mich sehr bewegend und ich war wütend auf mich selbst, dass ich über Jahre den falschen Leuten vertraut habe und nicht reagiert habe, als Etienne erste Anzeichen von Aggression zeigte, was ja bereits zu einem sehr frühen Zeitpunkt der

Fall war. Ich wusste jetzt, dass Etienne die letzten 6 Jahre nicht glücklich war und ich ihr diese Jahre nicht noch mal geben kann.

Am folgenden Tag, also am 07.02.2010 bin ich gleich wieder alleine zu Etienne gefahren. Ich bin in die Koppel gegangen, habe eine aufrechte Haltung eingenommen und sie mit tiefer Stimme gerufen. Das habe ich am Abend zuvor mehrfach vor dem Spiegel geübt. Etienne kam zu mir, mit der Gerte habe ich sie auf Distanz gehalten und sie dann gelobt. Als ich gegangen bin, hat sie mir noch lange Zeit auf derselben Stelle nachgesehen. Ich hatte das bewusste Gefühl, dass sie spürt, dass wir beide nochmals von vorne beginnen wollen. Sie wirkte neugierig auf mich und voller Freude.

Ich habe sie an diesem Tag auch gebeten, mir zu verzeihen, dass ich sie all die Jahre nicht verstanden habe. Das habe ich mit ganz lauter Stimme, natürlich unter Tränen zu ihr gesagt. Es ist gut, dass Pferde nicht nachtragend sind, denn nur so konnten wir uns versöhnen.

Jetzt musste ich nur noch in meiner Umgebung einen neuen Stall finden. Dies war gar nicht so einfach, da ich ja schon eine ganze Menge durch hatte. Außerdem war für mich klar, dass ich Etienne nicht mehr in eine Box stellen konnte, da sie jetzt 10 Monate lang die Freiheit kannte. So suchte ich also nach einem Offenstall. Hier sind die Pferde in Gruppen untergebracht und Tag und Nacht im Freien. Sie können also nach ihren Bedürfnissen leben. Ich fand dann einen solchen Stall, der bereit war, Etienne aufzunehmen. Aber ich hatte ja auch noch das Problem Lilli. Wäre Lilli weiter auf dieser Koppel geblieben, so glaube ich würde sie heute nicht mehr leben, da sie durch das ganztägige Grasen mit Sicherheit Hufrehe bekommen hätte. Hierbei handelt es sich um eine Entzündung der Huflederhaut beim Pferd, wobei sich die Hufkapsel von der Lederhaut ablöst. Die am meisten verbreitete Rehe ist die Futterrehe, eben auch mitverursacht durch das Fressen von zu viel Gras mit hohem Eiweißgehalt. Die Rehe ist extrem schmerzhaft und kann dazu führen, dass ein Pferd nicht mehr reitbar ist. Rehe ist bei Ponys sehr häufig verbreitet.

Also entschloss ich mich, auch Lilli mit in den Offenstall zu nehmen, allerdings auch hier wieder in eine andere Gruppe, da ich wusste, dass man beide nicht mehr zusammenführen konnte. Der Betreiber des Offenstalls bot sich dann auch gleich an, die beiden Pferde mit dem Anhänger abzuholen und in den neuen Stall zu bringen.

Kapitel 20

Wer ist Etienne eigentlich?

Leider hatte ich es versäumt, mich in den vergangenen Jahren zu fragen, wer Etienne eigentlich ist, was hat sie für einen Charakter und wie muss ich mit diesem Charakterbild umgehen.

Hier öffnete mir Frau B. erstmals die Augen. Sie machte mir deutlich, dass Etienne zuchtbedingt ein Pferd ist, welches unter starkem inneren Druck leidet, vergleichbar mit einem Mensch, der unter Depressionen leidet. Sie hat wenig Lebensenergie und muss ihre Kräfte täglich aufs Neue einteilen. Menschen, die unter Depressionen leiden, werden oftmals schneller aggressiv als Menschen, die diese Krankheit nicht haben. So ist bzw. war das auch bei Etienne. Etienne unterliegt starken Stimmungsschwankungen, ihre Launen können sich täglich mehrfach ändern, was den Umgang mit ihr nicht gerade einfacher macht. Außerdem ist Etienne ein äußerst kluges Tier.

Wissenschaftlich ist es zwar nicht erwiesen, dass auch ein Pferd unter Depressionen leiden kann, ich aber denke, dass es möglich ist. Ich weiß auch, dass - egal wie schön die Rahmenbedingungen für Etienne nun sind - ich sie niemals ganz von dieser Last befreien kann. Sie muss damit leben und ich damit klarkommen, in dem ich mir jeden Tag aufs Neue ansehe, wie sie heute so drauf ist. Nur

seit ich über diesen Umstand Kenntnis habe, kann ich viel besser damit umgehen und nehme sie so wie sie ist.

Als ich das von Frau B. hörte, machte sich große Verzweiflung in mir breit. Ich habe Jahre lang nicht danach gefragt, was Etienne für einen Charakter hat. Hätte ich das gewusst, hätte ich Etienne niemals in Beritt geben dürfen, da hier nur Druck auf sie ausgeübt wurde, den sie aufgrund ihres Charakters ja überhaupt nicht verträgt. Und ich selber: Mir hat man das Reiten fälschlicherweise dergestalt beigebracht, dass ich alle reiterlichen Hilfen stets mit viel zu viel Druck gegeben habe.

Im Prinzip hätte mich Etienne für mein Unwissen und mein Verhalten eigentlich hassen müssen. Ich bin mir ziemlich sicher, dass wenn ich nicht noch die Kurve, ausgelöst durch diesen schrecklichen Unfall, bekommen hätte und mit Etienne so weiter gemacht hätte wie bisher, hätte sie irgendwann jeglichen Lebenswillen verloren und hätte selbst den Tod gesucht. Von daher kann ich eigentlich von großem Glück sprechen, dass ich diesen schweren Unfall hatte, da ich heute nicht mit Etienne in dieser großartigen, einzigartigen Beziehung stehen würde, die mir alles bedeutet und mein Leben so bereichert.

Etienne bereichert mein Leben auch deshalb so, weil sie mir genau sagt, was sie von mir hält. Einem Pferd steht man immer ungeschminkt gegenüber, es lässt sich nicht durch die Wahl Ihrer Kleider blenden. Hier gilt das Motto „Kleider machen Leute" nicht.

Ein Pferd zeigt Ihnen Ihre Fehler und wenn man es fair behandelt erntet man großen Dank.

Von einem Mensch können Sie dies nicht unbedingt erwarten oder hat Ihnen schon einmal direkt jemand ins Gesicht gesagt, was für ein Idiot Sie sind? Sind wir doch mal ehrlich, wenn jemand in einem großen Porsche angefahren kommt, hat man von demjenigen zunächst einmal eine ganz andere Meinung, wie wenn jemand einen Fiat Panda fährt.

Aufgrund meiner jahrelangen beruflichen Tätigkeit, kann ich Menschen inzwischen sehr gut und sehr schnell einschätzen. Diejenigen, die am Anfang einer Mandatsbeziehung immer große Begeisterung zeigen „Bei Ihnen sind wir ganz toll aufgehoben“, „Einfach super, wie schnell wir von Ihnen eine Antwort auf unsere Fragen bekommen“ usw. sind nachher die ersten, die einem den Dolch in den Rücken stecken wollen. Die drohen dann mit einer Beschwerde bei der Anwaltskammer oder versuchen uns in die Anwaltshaftung zu nehmen. Früher habe ich mich noch wahnsinnig in solche Drohungen hineingesteigert, konnte prinzipiell gar nicht mehr abschalten und wusste auch nicht, wie ich mich überhaupt noch entspannen kann. Hier hat mich mein Pferd belehrt. Erste Voraussetzung für den Umgang mit einem Pferd ist, dass Sie selbst gelassen sind. Bis vor meinem Unfall hat mich jede Kleinigkeit auf die Palme gebracht, sei es, dass ein Mandant seine Rechnung nicht bezahlen wollte, oder die Steuernachzahlung erheblich höher ausgefallen ist als gedacht. So konnte ich mich eigentlich den lieben langen Tag lang über etwas Anderes ärgern, einen Grund fand ich immer. Dabei wurde ich dann auch ungerecht und habe andere für meinen Ärger verantwortlich gemacht. So war ich auch zu Etienne ungerecht, wenn sie nicht angaloppieren wollte, habe ich sie angeschrien, sie solle endlich gehen. Gerade dann ging sie aber nicht. Heute ist mir klar, dass unsere gesamte Zeit hier nur gemietet ist und es sich überhaupt nicht lohnt, sich über dieses

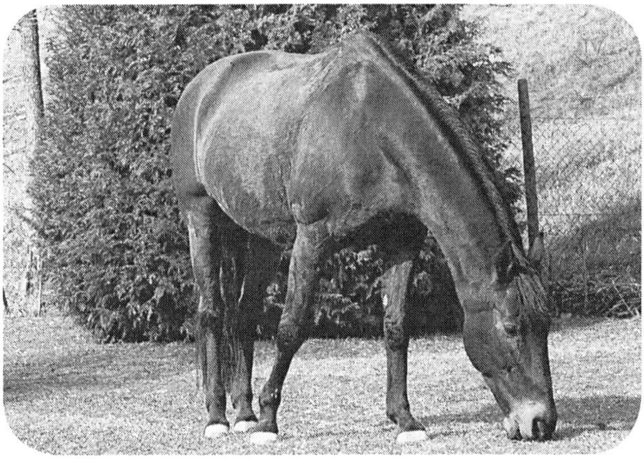

oder jenes aufzuregen und das ist echte Lebensqualität. Ich achte viel viel mehr auf die schönen Seiten des Lebens, die Ärgernisse - und die bleiben bei dem Beruf eines Anwalts nicht aus - nehme ich hin, ohne dabei laut zu werden. Ich lebe die Momente - besonders zusammen mit meinem Pferd - viel bewusster und kann in diesen Momenten den Ärger völlig ausblenden.

Wenn ich vor Gericht stehe und auf der Gegenseite ist mal wieder ein Kollege in feinem Zwirn, der sich aufbläst, als hätte er das Rad der Welt erfunden, denke ich mir immer „Junge, komm doch mal wieder runter". Wenn ich den dann auf Etienne setzen würde, wäre er der Erste, der ganz schnell am Boden liegen würde. So ein Horsecoaching würde da ganz gut tun. Ein Pferd zeigt Ihnen ganz gut, ob Sie Führungsqualitäten haben oder nicht. Wenn Sie von einem Pferd ein gewünschtes Verhalten erwarten, müssen Sie es richtig dazu anleiten. Wenn Sie hierzu nicht in der Lage sind, wird sich das Pferd auch nicht nur 1 cm von der Stelle bewegen.

Kapitel 21

Etienne is back

Am 10.02.2010 sollte es soweit sein. Ich hatte die Nacht vorher kaum geschlafen und war sehr aufgeregt. Würde ich Etienne auf Dauer angstfrei begegnen können oder hat der Vorfall im April 2009 doch alles zerstört. Der angstfreie Umgang mit Etienne war und dies wusste ich natürlich, Grundvoraussetzung für einen Neubeginn überhaupt. Es gibt nichts Schlimmeres als wenn ein Reiter Angst vor seinem Pferd hat. Dies spürt ein Pferd sofort und das geht niemals gut.

Außerdem herrschten am 10.02.2010 katastrophale Wetterverhältnisse, es wurde ein Unfall nach dem anderen aufgrund von Glatteis gemeldet. Dennoch fuhren wir los, um die beiden abzuholen.

Etienne ließ sich ca. 40 Minuten nicht in den Hänger laden, sie war außerordentlich nervös und hat den Führstrick zerrissen. Als wir dann die Horrorfahrt auf Schnee und Eis hinter uns gebracht haben und im neuen Stall angekommen sind, war Etienne vor lauter Aufregung am ganzen Körper nassgeschwitzt, sie machte einen ängstlichen und nervösen Eindruck. Etienne bekam eine Eingewöhnungsbox neben der Gruppe, wo sie nun zunächst 6 Wochen bleiben musste, bis man sie in die Gruppe ließ, um größere Verletzungen zu vermeiden. Als Etienne dann in ihrer Box ankam, hatte ich das Gefühl, dass sie total fertig und am Ende ist. Mir blieb jetzt nur die Hoffnung, dass mir der Neustart gelingen würde und ich sie nicht wieder auf die Alterskoppel zurückbringen musste.

Dennoch war ich zunächst einmal froh, dass ich sie wieder bei mir hatte.

Natürlich hatte ich jetzt vor, Etienne täglich zu besuchen und so war ich am nächsten Tag sehr euphorisch. Ich wollte Etienne ihr Halfter aufsetzen und ihr dann ein wenig die neue Umgebung zeigen. Sie hat permanent den Kopf hochgerissen und es hat mich sehr große Mühe gekostet, bis es saß. In der Halle ging das Chaos dann gleich weiter, Etienne lief unruhig, meist vor mir - ein klares Zeichen, dass das Pferd die Führung hat. Als ich sie wieder in ihre Box zurückbrachte, hat sie mit den Hufen gescharrt und in die Box gebissen.

Es war somit ein ganz schlechter Auftakt und ich war total frustriert und wieder mal ein Häufchen Elend. Die nächsten Tage verbrachte ich eigentlich nur damit, Etienne das Halfter aufzusetzen, dieser Akt dauerte teilweise bis zu 40 Minuten. Etienne erfordert Geduld, eine Eigenschaft, die mir eigentlich gänzlich fremd ist. Etienne hat mich aber im Laufe der Zeit gelehrt, dass man im Leben geduldig sein muss. Jeder nur so kleine Schritt war bereits ein Fortschritt und wenn es nur bedeutete, dass sie sich das Halfter aufsetzen ließ.

Mitte März kam Etienne dann dauerhaft in die Gruppe. Hier hatte ich natürlich wieder große Angst, dass sie schwere Blessuren davon tragen würde, was aber Gott sei Dank nicht der Fall war. Sie hat sich erstaunlich schnell eingewöhnt, was wohl auch damit zu tun hatte, dass sie 10 Monate vorher direkt in das kalte Wasser geworfen wurde. Da Etienne im Grunde genommen aufgrund ihrer Launenhaftigkeit einer Herde nicht dienlich ist, ist es heute natürlich für sie ganz besonders wertvoll, dass sie jetzt nur noch mit einer anderen Stute zusammenlebt, so dass sie auch ihre Ruhezeiten hat, wenn es ihr einmal wieder nicht ganz so gut geht.

Da ich vergangenen April, unmittelbar nach meinem Unfall sämtliche Pferdeutensilien wie Sattel, Trense, Stiefel, Gerte usw. zu einem Schleuderpreis weggegeben hatte, musste ich jetzt alles wieder von neuem kaufen. Da ich aber abergläubisch bin, hat mir das nichts ausgemacht, denn mit den alten Sachen hätte ich das Gefühl gehabt, dass dies kein gutes Omen wäre. Ich fing dann also auch im Mai 2010 wieder auf Etienne zu reiten an. Ich suchte mir jetzt eine Trainerin, die gänzlich ohne Druck arbeitete, bei ihr nahm ich einmal die Woche eine Reitstunde und einmal die Woche übten wir uns in der Bodenarbeit, von der ich heute weiß, dass sie ein ganz wesentlicher Aspekt ist, um das Vertrauen eines Pferdes zu bekommen.

Schließlich haben wir auch wieder damit angefangen in das Gelände zu gehen. Als wir das erste Mal gemeinsam draußen waren, hatte ich ein unbeschreiblich schönes Gefühl dabei. Ich hätte in meinen kühnsten Träumen nicht zu glauben gewagt, dass mir dies noch einmal - zumindest nicht mit Etienne - vergönnt sein würde. Ich wusste in diesem Moment, dass ich Etienne angstfrei begegnen konnte und uns dieses Mal nichts mehr entzweien wird.

Heute mache ich mir noch oft Vorwürfe, dass ich Etienne über 10 Monate auf dieser Koppel ihrem Schicksal überlassen habe und sie nicht schon früher wieder zurückgeholt habe. Sicherlich hat sie sich in dieser Zeit auf dem Abstellgleis gefühlt und gedacht, dass ich sie vergessen habe. Aus damaliger Sicht habe ich aber diese Zeit gebraucht, um mir klar zu werden, was ich eigentlich will. In mir herrschte noch Monate nach dem Unfall eine solche Wut, dass Etienne mich so schwer verletzt hat, dass ich diesen Schritt noch nicht hätte gehen können. Heute weiß ich ja, dass dieser Tritt ein Hilfeschrei von Etienne war, denn kein Pferd dieser Welt ist von Natur aus bösartig. Es ist der Mensch, der hieran die Schuld trägt, indem er sein Pferd falsch behandelt.

Kapitel 22

Tägliche Arbeit mit Etienne

Die ersten 3 Monate nach Etiennes Rückkehr haben wir uns nur mit der sogenannten „Freiheitsdressur" beschäftigt.

Ich habe nun angefangen Tagebuch zu schreiben und alles niedergeschrieben was mit Etienne gut gelaufen ist und was nicht. Es gab immer wieder Tage an denen es nicht so gut lief, die Tendenz zeigte aber eindeutig nach oben. Ich möchte Ihnen hier einen kleinen Auszug aus meinem Tagebuch geben:

12.03.2010:
Heute war Etienne schlecht drauf, Probleme gab es bereits, als ich das Halfter aufsetzen wollte, sowie beim Aufsteigen in den Sattel. Bei der Bodenarbeit war sie sehr unruhig (Geräusche von außen, wollte weglaufen und hat dabei ausgeschlagen, ich habe wieder Angst bekommen. Heute bin ich sehr niedergeschlagen nach Hause gegangen."

20.03.2010:
Etienne war heute eine Katastrophe, sie ließ sich nicht aus der Gruppe nehmen. Halfter aufsetzen klappte nicht im Ansatz, sie hat mich angedroht. Longieren ging nur auf einer Seite. Insge-

samt war das für mich wieder ein sehr schwieriger Tag mit tiefer Enttäuschung“

10.04.2010:
Heute habe ich mit Etienne Freiheitsdressur gemacht, das hat sie ganz toll gemacht. Führen war auch prima, sie war ganz entspannt. Insgesamt legt sie weniger die Ohren an, die Tage an denen sie schlechte Laune hat, werden weniger. Heute war ich sehr zufrieden.“

10.02.2011:
Heute ist Etienne ein ganzes Jahr zurück bei mir. Ich habe unendlich viel mit ihr erreicht, sie hat eine sehr intensive Bindung zu mir, so habe ich mir das immer gewünscht. Danke, meine liebe Etienne.“

10.03.2011 bis 26.03.2011:
Es gibt keinen Tag, an dem ich an Etienne irgend etwas auszusetzen hätte.“

So allmählich wurde ich auch kreativ darin, zu erproben, was Etienne gefallen könnte und dazu führen könnte, dass sie ihren inneren Druck immer mehr abbauen kann und loslassen kann.

Hier erzielte ich phantastische Erfolge zum einen mit Klangschalen, zum anderen mit Entspannungsmusik. Mein Mann brachte aus einem seiner Klosterurlaube eine Klangschale mit. Diese wird auf den Körper des Menschen gelegt und mit einem Klöppel angeschlagen, so dass der Körper vibriert, außerdem vernimmt man sehr angenehme akustische Klänge. Ich dachte mir, ich könnte Etienne auch so eine Klangschale auf den Körper legen und dann die Schale mit dem Klöppel anschlagen. Zunächst hielt ich die Schale nur vor ihren Kopf hin, sie empfand das als angenehm. Danach habe ich die Schale auf den Körper gelegt und begonnen mit der Schale am ganzen Körper entlang zu fahren. Das war ein voller Erfolg. Etienne wird immer ganz ruhig dabei. Dasselbe Phänomen erreichte ich mit Entspannungsmusik. Auch dort begann Etienne zu kauen und den Kopf zu senken. So hatte ich zwei neue Programmpunkte, die außerhalb zu jeglicher konventionellen Reitlehre stehen. Sicherlich können Sie erahnen, welche Blicke ich teilweise, erntete, wenn wir wieder einmal gemeinsam zu Gange waren und uns in Klangschalenmeditation übten. Auch hier lehrte mich Etienne um ein wesentliches Element: Es kann Dir völlig egal sein, was andere von Dir denken, sowohl im Guten als auch im Schlechten, zieh Dein eigenes Ding durch, nur dann wirst Du Erfolg haben.

Da ich wie Sie ja bereits wissen, meinen Traum von einer eigenen Anlage verwirklicht habe, unternehmen wir heute noch ganz andere Dinge miteinander. Wir tanzen zusammen in der Halle, springen über Stangen oder ich sitze einfach in meinem Strandkorb, während Etienne um mich herum das gute Gras genießt. Ich hätte in meinen kühnsten Träumen nie zu hoffen gewagt, dass ich eines Tages ein so inniges Verhältnis zu meinem Pferd haben würde. Auch was den körperlichen Kontakt angeht, so ist Etienne heute sehr umgänglicher, ja sogar anhänglich geworden. Früher wäre es undenkbar gewesen, sie im Gesicht zu berühren, heute kann ich beide Arme an ihren Kopf geben und dabei meine Stirn an ihre Stirn legen. Dies ist nur deshalb möglich, weil mir Etienne heute vertraut. Sie sieht, dass ich bei allem was ich unternehme auf ihre Bedürfnisse eingehe und genau horche, was sie möchte. Sie weiß, dass alles was ich mache nur zum Besten für sie ist. Es geht heute nicht mehr darum, was ich mit Etienne machen möchte, sondern was wir zusammen machen möchten. Ich kenne Etienne‘s Grenzen und respektiere sie. Ich nehme Etienne so wie sie ist und versuche nicht mehr sie zu verdrehen. Es muss alles ein Spiel sein und kein Zwang. Etienne ist glücklich darüber, dass ich heute voll und ganz ihre Sprache spreche.

Ich habe eben immer wieder versucht sie zu berühren, auch wenn ich manchmal dabei zurückgewiesen wurde. Dann habe ich natürlich sofort aufgehört und stets neue Anläufe genommen.

Etienne hat zu einer vollkommenen inneren Ruhe gefunden, was natürlich auch bedingt durch die Haltungsform ist, die ich ihr bieten kann. Sie ist keinerlei Streßfaktoren ausgesetzt und hat alles was zu einer artgerechten Haltung gehört. Sie kann sich gänzlich frei bewegen und sich aussuchen was sie machen möchte.

Wenn ich heute ab und zu in meinem Tagebuch blättere und dort lesen muss, dass Etienne mich nicht aufsteigen ließ oder sich die Trense hat nicht aufziehen lassen, so kann ich überhaupt nicht mehr glauben, dass es wirklich solche Momente gegeben haben soll und dann bin ich unheimlich stolz darauf, dass ich es mit meinen eigenen Methoden geschafft habe, den wahren Kern aus Etienne herausgeholt zu haben, denn sie ist wirklich ein phantastisches Pferd.

Kapitel 23

Geht es denn eigentlich immer nur um das Geld

Nachdem Etienne nun gut 10 Monate wieder bei mir war, es war ungefähr Weihnachten 2010, merkte ich wieder, dass auch in diesem Stall - obwohl es ein Offenstall war, der artgerechte Haltung versprach -, auch hier nicht alles Gold was glänzte war. Es gab einige Punkte, die mich hier störten.

Ich selbst bin seit vielen Jahren Dienstleister und fasse all meine Mandanten mit Samthandschuhen an, damit wirklich erst gar keine Befindlichkeiten entstehen. Würde ich das nicht tun, so glaube ich, wären manche Mandanten wieder woanders hingewandert, da die Auswahl an Anwälten ja nicht gerade gering ist.

Unser oberstes Prinzip ist die zügige Bearbeitung von Anfragen. Da auch wir nicht vom Internet verschont geblieben sind, gehen ca. 70 bis 80% aller Anfragen per E-Mail ein. An manchen Tagen haben wir gut und gerne 60 bis 70 E-Mails auf unseren Rechnern, dennoch versuchen wir die Anliegen aller unserer Mandanten sehr schnell zu beantworten, was jedoch nur geht, weil wir eine 7-Tage-Woche haben. Ich habe bei allen Einstellbetrieben immer wieder die Erfahrung machen müssen, dass hier der Dienstleistungsgedanke nach wie vor noch nicht angekommen ist. Wenn man eine Bitte geäußert hat, wurde diese ignoriert, wenn man Pech hatte, bekam man noch eine blöde Antwort.

Ich habe mich immer wieder gewundert, dass es sich sämtliche Stallbetreiber leisten können, ihren Kunden, in diesem Fall also den Einstellern, mehr Verbote aufzuerlegen, als Gebote. Wenn man abwägt, was man darf und was man nicht darf, so überwiegen eindeutig die Verbote. Eigentlich soll man nur bezahlen und möglichst schnell wieder verschwinden. Dennoch schaffen es alle Ställe, ihre Betriebe immer wieder aufzufüllen, dies wahrscheinlich deswegen, weil einem zu Beginn der Himmel auf Erden versprochen wird. So bemerkte ich auch hier, dass einiges im Argen lag. Vieles sieht man ja immer erst auf den zweiten Blick. Die Gruppen waren für den vorhandenen Platz viel zu groß. Diese Gruppen bestanden aus jeweils 20 Pferden, nach meiner Auffassung, hätten 10 Pferde ausgereicht, um eine artgerechte Haltung zu gewährleisten. Durch den mangelnden Platz können sich die Tiere nicht ausweichen und es kommt immer wieder zu Verletzungen.

So war es auch bei Etienne. Für meine Begriffe mangelte es auch an der Hygiene im Stall, da dieser nur jedes halbe Jahr ausgemistet wurde, was zur Folge hatte, dass beinahe alle Pferde unter Strahlfäule gelitten haben. Erschwerend kam hinzu, dass durch die dauernde Fluktuation immer wieder Pferde verschwanden und neue hinzukamen, mit der Konsequenz, dass die Pferde stets von neuem die Rangordnung zu klären hatten. Dies bedeutet für die Pferde Stress.

Da ich Ihnen ja bereits berichtet habe, dass Etienne unter innerem Druck leidet und damit ihre Launen sehr oft variieren, sind gerade für sie solche großen Gruppen nicht geeignet, weil es nur wenig Rückzugsmöglichkeiten gibt, so dass sie hier nicht genügend zur Ruhe kam.

Auch hier war es wieder so, dass wenn ich zu Etienne fuhr, mein Auto auf dem Parkplatz abstellte, ich mir wünschte, manche Leute wären jetzt nicht hier. Wie immer gab es auch in diesem Stall Neid und Missgunst unter den Einstellern, zwei Eigenschaften des Menschen, die mir zutiefst zuwider sind. Mir war lediglich daran gelegen, meine Freizeit ausschließlich mit meinem Pferd zu verbringen und da passt es nicht dazu, dass man sich mit anderen Leuten verbrüdert. Wenn man sich hier aber kurz hält, kommt man sehr schnell in den Verruf ein Angeber zu sein.

Ein weiterer Stallwechsel kam für mich nicht mehr in Frage, da mir klar war, dass ich nirgends das bekommen würde, was ich für Etienne und auch für mich selbst wollte.

Im Laufe meiner Stallwechsel musste ich auch immer wieder mit der Erkenntnis leben, dass die jeweiligen Inhaber nicht unbedingt Experten auf dem Gebiet „Horsemanship“ sind. Oftmals sind sie sogar gänzlich fachfremd und wissen nicht viel über das Verhalten von Pferden. Offenbar ist damit aber Geld verdient, denn sonst würde es ja nicht so viele Pferdebetriebe geben.

Auch war es mir nunmehr wirklich zu blöd mit diesen ständigen Verboten zu leben. Wenn ich irgendwo beim Grasen mit Etienne gesehen wurde, sagte man mir gleich, dass ich hier nicht grasen dürfe, dass würden die Nachbarn nicht gerne sehen usw. Ich kam mir vor wie ein kleines Schulmädchen, das heimlich herumschleichen muss, damit es nicht ertappt war.

Kapitel 24

Photoshooting

Im Juli 2010 hielt ich bei einer unserer Mandanten eine sogenannte „Inhouse-Schulung“ ab. Da ich bei dieser Firma schon längere Zeit nicht mehr war, fragte mich der Einkäufer der Firma, was denn mein Pferd mache. Ich erzählte ihm sodann die ganze unsägliche Geschichte, worauf er spontan sagte, ich müsse diese unbedingt seiner Schwester erzählen, da sie Chefredakteurin bei der Pferdezeitschrift C. sei. Dies ließ ich mir nicht zweimal sagen und kontaktierte Frau F. sofort. Sie hatte starkes Interesse an einem Bericht über mich und Etienne. So kam es dann, dass Anfang Oktober 2010 ein Kamerateam und eine Journalistin in den Stall kamen und ein Shooting machten. Dieses Shooting dauer-

te von 11.00 Uhr bis 15.00 Uhr. Etienne war danach völlig am Ende. Nichts klappte so, wie es hätte sein sollen, was mitunter auch an meiner Nervosität lag, welche Etienne deutlich spürte. So hat Etienne bei der Vorführung einer Vorhandwendung gebockt, ist gestiegen und hat mit den Vorderbeinen ausgeschlagen. Das Problem war, dass jede Übung oft bis zu 10 Mal wiederholt werden musste, bis die Kameraeinstellung stimmte. Etienne wurde da natürlich ärgerlich, da es für ein Pferd keinen Sinn macht, dass wenn es eine Übung einmal richtig gut gemacht hat, es diese noch weitere 9 Mal wiederholen muss.

Nachdem das Shooting beendet war, gab ich noch ein längeres Interview und kam fix und fertig zuhause am Abend an. Ich hatte Etienne viel zu viel abgefordert und sie deutlich über ihr Limit gebracht. Die Gefahr, dass sie wieder aggressiv werden könnte, war somit sehr hoch. Ich war am Abend wieder sehr traurig, dass ich Etienne das angetan hatte, aber ich selbst hätte nicht damit gerechnet, dass hier so ein Spektakel stattfindet.

Am nächsten Tag habe ich mich bei Etienne entschuldigt und ihr gesagt, dass ich das für andere Pferde getan habe, deren Besitzer nicht mit ihnen klarkommen und dass wir in Zukunft nur noch auf uns hören. Ich war mir sicher, dass ich mit der Aktion keinen Schaden bei Etienne angerichtet hatte. Dies bestätigte sich auch in den nächsten Tagen, Etienne war gut drauf und hat mir nichts nachgetragen.

Kapitel 25

Tierkommunikation

Es gibt ja Menschen, die offensichtlich eine Begabung dafür haben, mit Tieren in Kommunikation zu treten. Natürlich ist die Tierkommunikation etwas, für das man offen sein muss. Als ich meinem Mann sagte, dass ich eine Dame in der Schweiz gefunden habe, die mit Tieren kommuniziert und zwar dergestalt, dass man per Telefon das Pferd optisch beschreibt, die Dame dann das Pferd sucht um mit ihm in Kontakt zu treten, wenn der Kontakt hergestellt ist, kann man nun über diese Dame Fragen an sein Pferd richten, da fragte er mich, ob ich noch ganz bei Trost sei. Mein Mann ist ein Realist, der mit beiden Beinen fest im Leben steht und für so etwas überhaupt kein offenes Ohr hat.

Ich aber bin solchen Dingen gegenüber sehr aufgeschlossen, hatte mir zuvor schon einige Bücher über Tierkommunikation gekauft und versucht selbst mit Etienne in Kontakt zu treten. Das Problem für mich dabei war, dass ich nicht wusste, ob die Antworten auf meine Fragen, die ich im Kopf hatte, tatsächlich von Etienne kamen oder ob es sich dabei um meine Gedanken handelte.

Da es mir auf der Seele brannte, an Etienne einige Fragen zu richten, rief ich am 22.02.2010 diese Dame in der Schweiz zu einem verabredeten Zeitpunkt an, beschrieb die Optik meines Pferdes, bis sie mir sagte, dass sie sie gefunden hat. Dann konnte ich mit meinen Fragen loslegen.

Ich möchte diese Fragen und die Antworten von Etienne hier im Originalton wiedergeben:

Frage: Etienne, wie ist es, ein Pferd zu sein?
Antwort: Ich war früher nie frei, jetzt bin ich frei. Ich wurde mit Sporen ausgebeutet, heute kann ich meinen Stolz zeigen.

Frage: Etienne, weißt Du, dass ich mich täglich um Dich sorge und nur zu Deinem Wohl handeln möchte?
Antwort: Ich weiß, dass Du Dich täglich um mich sorgst, entspanne Dich.

Frage: Etienne, warum magst Du nicht so gerne geritten werden?
Antwort: Weil mich all Deine blöden Bereiter schlecht behandelt

haben und mir Sporen in den Bauch getreten haben; glaub mir, ich hab Dir längst verziehen. Ich bin stolz und die wollten mich brechen, ich weiß Du hast es nur gut gemeint. Ich hatte scharfe Gebisse, will nicht mehr darüber nachdenken.

Frage: Etienne, verbringe ich genügend Zeit mit Dir?
Antwort: Das musst Du selbst wissen, ich mache Dich ruhig, wenn Du bei mir bist, ich zähle die Zeit nicht, es geht um die Qualität.

Frage: Etienne, hast Du mir meine Fehler verziehen und kannst Du mir heute vertrauen?
Antwort: Das kannst Du doch fühlen.

Frage: Etienne, gibt es noch etwas, was Du Dir von mir wünschst?
Antwort: Das wir Spaß haben, dass Du mir vertraust, dass wir einfach zusammen losgehen und ohne Angst Leben.

Frage: Etienne, weißt Du, dass ich Dich über alles liebe und Dich nie mehr allein lassen werde?
Antwort: Natürlich, zusammen sind wir schön, sonst wären wir gar nicht so weit miteinander gekommen.

Frage: Etienne, geht es Dir gut?
Antwort: Ja ich bin schön und werde bewundert.

Mit diesen Antworten war ich sehr zufrieden, denn sie passten ganz genau zu Etienne, so dass ich mir ganz sicher war, dass tatsächlich eine Kommunikation mit Etienne stattgefunden hat. Ganz besonders die letzte Antwort passte genau. Etienne ist ein sehr stolzes Pferd, das sich stets präsentieren will und auch bewundert werden möchte.

Kapitel 26

Pferdezeitschrift C. schreibt über Etienne: „Die Schlaue und das Biest“

Knapp 8 Monate nach unserem Photoshooting erschien dann der lang ersehnte Bericht über mein Pferd und mich.

Leider war ich sehr enttäuscht. Etienne wird hier als Bestie dargestellt, die außer mit gefletschten Zähnen auf mich loszugaloppieren offenbar zu Nichts zu gebrauchen war. Ich kann verstehen, dass solche Geschichten reißerisch sein müssen, um die Auflage der Leser zu erhöhen, denn was liebt der Mensch nicht mehr, als atemberaubende Geschichten über das Schicksal anderer zu lesen, so lange man nicht selbst betroffen ist.

Menschen, die zu Gewalt neigen, versucht man stets dadurch in Schutz zu nehmen, dass sie vielleicht eine schwere Kindheit hatten, aus der sie traumatisiert hervorgegangen sind. Bei Pferden heißt es immer gleich: Ein aggressives Pferd muss weg, ohne sich Gedanken darüber zu machen, woraus diese Aggression eigentlich entstanden ist. Dieser Weg ist natürlich einfach, man sucht die Schuld nicht bei sich selbst und holt sich das nächste Pferd. Bei einem Auto würde ich mir das noch gefallen lassen, nicht aber bei einem Pferd. Ich kann mich noch gut an eine Einstellerin erinnern, die es geschafft hat, innerhalb kurzer Zeit zwei Pferde hintereinander auszutauschen, weil diese zu Turnierzwecken wohl nicht geeignet waren. Diese Dame ließ die Pferde ausschließlich bereiten, da man ja nebenher noch Golf spielen musste und sich abends mit Freunden beim Edelitaliener treffen wollte und daher gar keine Zeit hatte, selbst zu reiten. Hier sollte der Mensch ein wenig nachdenken und einmal überlegen, ob es nicht auch an ihm selbst liegen könnte. Bei Etienne war das definitiv der Fall. Sie zeigt mir heute keine Spur mehr von Aggression, während ich zu früheren Zeiten geglaubt habe, dass ihre Ohren irgendwann einmal hinten liegen bleiben würden, da ich sie nur in diesem Zustand sah. Sie war - wie ich heute weiß - verbittert, vom Menschen enttäuscht, da man nicht auf ihre Bedürfnisse eingegangen ist. Etienne konnte mit dem Druck, den sämtliche Assgeier auf sie ausgeübt haben, nicht leben. Es gibt Pferde, die mit dem Druck damit klar kommen, dass sie eben resignieren und aufgeben, d.h. ihr Wille wird regelrecht gebrochen und andere, und dazu gehört Etienne - werden aggressiv. All diejenigen, die Etienne das angetan haben, müssten sich eigentlich von ganzem Herzen bei ihr entschuldigen. Das wird aber nie passieren, denn sie sind sich ja nicht einmal ihrer Schuld bewusst.

Dies war eigentlich mein Gedanke, der hinter diesem Artikel stecken sollte. Ich wollte Menschen, die ebenfalls ein Problem mit ihrem Pferd haben, dazu sensibilisieren einmal genauer hinzusehen, weshalb sie diese Probleme mit ihrem Partner Pferd denn überhaupt haben. Das ist mir leider nicht gelungen und so ist Etienne in den Augen vieler Leser eben eine Bestie geblieben. Vielleicht aber habe ich ja mit diesem Buch jetzt eine zweite Chance, genau diese Botschaft zu überbringen.

Kapitel 27

Mein Lebenstraum

Als ich seinerzeit das Telefongespräch führte, von dem ich bereits berichtet habe, stellte ich Etienne schließlich noch eine Frage: Möchtest Du mit mir zusammen leben und wohnen? Etienne beantwortete diese Frage mit Ja.

Damit war der Startschuss für meinen Lebenstraum gegeben. Den Gedanken mit Etienne zusammen zu leben, hatte ich bereits weit vor meinem Unfall, da ich im Laufe der Zeit bemerkte, dass ich in keinem Stall auf Dauer glücklich werden würde, da keiner meinen Vorstellungen, dessen was man unter einer artgerechten

Haltung versteht, gerecht werden konnte. Außerdem wollte ich mein eigenes Ding machen, ohne Rücksicht auf andere. Ich hatte hierzu bereits vor einigen Jahren im Internet eine traumhafte Anlage gesehen, die sogar über eine eigene Reithalle verfügte. Damals sagte mein Mann zu mir - er kann mit Pferden ja wie gesagt nichts anfangen -, dass er niemals in seinem Leben mit mir auf eine Pferdeanlage ziehen würde. Dies sei sein letztes Wort.

Ich habe dann Anfang 2011 nochmals heimlich ins Internet gespickt und sah, dass die Anlage immer noch zu haben war. Jetzt musste ich natürlich versuchen, meinen Mann zu überreden, dieses Vorhaben zusammen mit mir doch in die Tat umzusetzen. Ich fand dann auch gute Gründe. So sagte ich ihm, dass die ständige Pendelei zwischen Wohnung und Büro aufhören würde, bei mir kam ja noch das tägliche Fahren zum Stall hinzu, damit würden wir Zeit und auch Geld sparen. Auch hätten wir dann alles unter einem Dach, so dass wir die Akten nicht ständig zwischen Büro und Wohnung hin und hertragen müssten, schließlich würde noch die Büromiete und die Stallmiete entfallen. Günstig war für mich in diesem Moment, dass wir uns zu diesem Zeitpunkt sehr über unseren Vermieter unserer Büroräume geärgert hatten. Unsere Büroräume befanden sich in einer Jugendstilvilla, in der der Vermieter auch selbst wohnte. Schade war nur, dass er keinerlei Investitionen in die Villa machte und diese somit einen immer mehr heruntergekommenen Eindruck machte, was bei den Mandanten nicht gut ankam. Auch hatten wir die Befürchtung, dass man uns in Bälde kündigen würde, da der Sohn, ebenfalls Anwalt, eventuell auf diese Räume spekulieren würde. Hier habe ich den Nerv meines Mannes getroffen und er willigte, was ich nie zu glauben vermocht hätte, in mein Vorhaben ein.

Schnell rief ich also den Makler an, der dieses Objekt vermittelte und vereinbarte ganz kurzfristig einen Besichtigungstermin. Ich war sofort hin und weg, insbesondere was das künftige Leben der Pferde anging. Ich sah im Geiste Etienne schon auf ihrer Koppel galoppieren, die allein eine Fläche von 1,3 Hektar hat. Zunächst machte mir mein Mann dann aber doch einen Strich durch die Rechnung. Ihm gefielen die Innenräume nicht sonderlich gut, zumindest sagte er das zunächst, die notwendigen Umbaumaßnahmen würden den finanziellen Rahmen sprengen. Bereits auf dem Nachhauseweg sagte er mir, dass wir das Objekt nicht kaufen würden. Ich war sehr enttäuscht und sagte dem Makler ab.

Zwei oder drei Wochen später sind wir dann wie immer samstags Mittag mit unserem Hund spazieren gehen, bis mein Mann auf einmal sagte, sollen wir das Objekt nicht doch kaufen? Ich traute meinen Ohren nicht und hätte vor Freude tanzen können. Wir versuchten dann mit dem Makler noch etwas über den Preis zu pokern. Plötzlich war ein weiterer Interessent da, so dass es zum Schluss ein Wettlaufen war, wer den Zuschlag erhielt. Glücklicherweise waren wir es, weil der andere Interessent Oldtimer in die Reithalle gestellt hätte, so dass es dem Eigentümer, der sehr viel Herzblut in dieses Anwesen seinerzeit gesteckt hatte, doch lieber war, wenn das Objekt Käufer finden würde, die tatsächlich mit Pferden kommen. Am 01.04.2011 wurde der Kaufvertrag gemacht und das Objekt war somit in meiner Tasche.

Von jetzt an, hieß es für mich Gas geben, da ich den kompletten Reitstall umbauen musste. Der Stall war mit 6 Gitterboxen ausgestattet. Da ich für die Pferde aber einen sogenannten Aktivlaufstall haben wollte, musste hier ganze Arbeit geleistet werden. Ich beauftragte also zunächst einen Planer für Pferdeställe - was es nicht alles gibt -, mit dem ich mich zum ersten Mal vor Ort am 06.04.2011 besprach. Er machte mir einen wunderbaren Plan, wie alles werden würde, ich war damit einverstanden. Gleichzeitig machte ich aber klar, dass spätestens Ende Juni 2011 die Pferde einziehen müssen, dies deswegen, weil ich in dem alten Stall eine 3-monatige Kündigungsfrist hatte, die gerade zum 30.06.2011 auslief. So wuselten in den kommenden 3 Monaten täglich alle Sorten von Handwerker auf der Anlage herum, vom Schreiner

über den Schlosser bis hin zum Reithallenbodenspezialisten. Etwas schwierig war für mich natürlich die Kontrolle über alles zu behalten, da ich von Stuttgart aus nicht jeden Tag Richtung Schwäbisch Hall fahren konnte, zumal unser Geschäft auch ganz normal weiterlief und ich auch weiterhin täglich zu Etienne in den Stall fuhr. Natürlich lief - wie das bei Handwerkern so üblich ist - nicht alles reibungslos, als ich mit den Pferden am 21.06.2011 ankam, waren noch nicht einmal die Paddockmatten verlegt, die Metallumzäunung war ein Provisorium aus Holzlatten, so dass ich mich fragte, ob auf diese Baustelle wirklich Pferde einziehen konnte. So ging es aber dennoch Schritt für Schritt weiter und ich glaube, dass ich heute einen der schönsten Offenställe habe, den man sich vorstellen kann.

Gleichzeitig hatten wir jetzt noch das Problem, dass wir unser erst vor 1,5 Jahren gekauftes Penthouse wieder verkaufen mussten. Auch hierfür haben wir einen Makler der edlen Sorte eingeschaltet, der alles für uns übernahm, da wir selbst keine Besichtigungstouren durch unsere Wohnung machen wollten. Die Schwierigkeit diese Wohnung wieder zu verkaufen, gründete auf verschiedenen Umständen. Zum einen befand sich diese in einem Wohnblock auf der Filder, der 30 Jahre alt war und von außen alles andere als sonderlich exklusiv war. Der Preis, den wir uns für die Wohnung vorgestellt hatten, war es aber durchaus. Unser Ziel war es, wenigstens etwas mehr zu bekommen, als wir selbst bezahlt hatten, da wir die Wohnung aufwendig renoviert hatten. Ein weiteres Manko der Wohnung war, dass alles in schwarz und weiß gehalten war. So hatte diese Wohnung ein komplett schwarzes Bad, mit einer schwarzen Rundwanne. Die Armaturen, aus denen das Wasser kam, waren silberne Schwäne, die das Wasser in die Wanne spuckten. In der Tat, das muss einem schon gefallen. Mit der Küche sah es nicht viel anders aus, diese war ebenfalls komplett schwarz. Die Böden waren aus weißem Marmor und die Einbauschränke ebenfalls schwarz. Hinzu kam, dass wir den sich seinerzeit in der Wohnung befindlichen Teppichboden durch schwarze Fliesen ersetzt haben, durch die sich hauchdünne weiße Fäden zogen. Auch die Türen waren schwarz. Als wir die Wohnung gekauft hatten, hat uns das alles sehr gut gefallen, es war uns aber klar, sollten wir die Wohnung einmal wieder verkaufen, es nicht so leicht sein dürfte, einen passenden Interessenten zu finden, zumal die Wohnung zwar eine Wohnfläche von 145 qm aufwies, über einen Wintergarten, offenen Kamin und Sauna verfügte, aber insgesamt nur in 3 Zimmer aufgeteilt war, so dass potentielle Kunden mit Kindern auch aus der Käuferschicht ausschieden. Letztendlich konnten wir dann die Wohnung noch an ein Ehepaar verkaufen und haben auch einen akzeptablen Preis dafür erzielt.

So lief also zwischen März und Juni 2011 bei uns ein absolutes Horrorprogramm ab. Unsere Kanzlei musste weiter Laufen, denn hier war gerade besonders viel los: Auswärtstermine standen an, zahlreiche Gerichtstermine, usw.. Dann hatten wir den Umzug hierher zu organisieren, das bedeutete, dass unser Büro in Stuttgart komplett aufgelöst werden musste, die PCs abgebaut und hier wieder aufgebaut werden, alle 800 Leitz-Ordner, die sich allein in der Ablage befanden, gepackt und hier wieder neu ausgeräumt werden. Da wir für unser Penthouse beim Kauf auch alle Möbel neu gekauft hatten, sollten diese natürlich mitgehen, d.h. auch hier Möbel abbauen und wieder aufbauen. Kleider, Hausrat etc. alles musste verstaut werden. Phasenweise sind wir hier schon an den Rand unserer Kräfte gekommen, aber für einen Lebenstraum ist alles möglich.

Kapitel 28

Viva Espania oder besser viva „Estrella"

Nachdem also definitiv klar war, dass wir jetzt von Stuttgart ans Ende der Welt ziehen würden, musste ich mir Gedanken machen, was für ein Pferd ich Etienne nun in ihrem neuen Domizil als Partner geben konnte. Lilli schied von vorne herein definitiv aus. Was aber sollte ich nur mit ihr machen? Für sie weitere ca. 10 bis 20 Jahre, je nach Lebensdauer monatliche 380,- Euro zu investieren, damit sie in dem alten Stall bleiben konnte, habe ich dann auch nicht eingesehen. Ich wusste, dass ich Lilli nur schwer werde verkaufen können und so habe ich mich umgesehen, wem ich sie schenken könnte. Es ist wirklich paradox, da hat man ein Pferd, das man verschenken muss und auf der anderen Seite muss man wieder ein neues kaufen.

Für Lilli hatte ich dann die Wahl. Es gab die Möglichkeit, dass sie wieder auf die Koppel in der Nähe von Schloss Lichtenstein gehen würde, da die Tochter des dortigen Betreibers eine 5-jährige Tochter hatte, die seinerzeit ganz vernarrt in Lilli war. Sodann hatte ich die Option Lilli in dem Stall, wo sie jetzt stand, zu belassen. In diesem Stall hatte eine Reittherapeutin bereits 5 Pferde zu Therapiezwecken stehen. Da sie sehr oft mit kleinen Kindern arbeitet, fragte sie mich, ob sie Lilli nicht haben könne.

Wäre sie wieder auf diese Koppel gebracht worden, so glaube ich, hätte Lilli nicht mehr lange zu leben gehabt. Dick und rund hätte sie sich gefressen, eventuell Hufrehe bekommen und das wäre das Ende für Lilli gewesen.

So habe ich mich entscheiden, Lilli in den Dienst des Therapiereitens zu stellen. Somit ist Lilli also heute berufstätig.

Nun sitzt jetzt auf Lillis Rücken täglich 1 bis 2 Mal ein kleines Kind, das sie trägt. Das macht ihr ganz offensichtlich Spaß, denn Ponys arbeiten gerne und sie konnte in ihrer gewohnten Umgebung bleiben. Ich habe in den von mir aufgesetzten Schenkungsvertrag natürlich eine Klausel eingesetzt, wonach Lilli lebenslang nicht mehr abgegeben werden darf. Das Gute ist, dass mein Huforthopäde, den ich in dem letzten Stall für die Hufpflege hatte, die Pferde dieser Reittherapeutin auch behandelt, so dass er mir stets berichten kann, dass es Lilli gut geht. Trotz allem glaube ich, dass auch Lilli Glück gehabt hat, dass sie auf mich getroffen ist, wer weiß was ansonsten aus ihr geworden wäre.

Nun wusste ich also Lilli gut versorgt, so dass ich meine Konzentration auf den Partner für Etienne legen konnte. Da Pferde eben nun einmal Herdentiere sind, war es unmöglich nur mit Etienne alleine umzuziehen. Egal wie groß die Liebe zwischen Mensch und Pferd ist, ohne Pferdepartner kann ein Pferd auf Dauer nicht leben. Dieses Mal so hatte ich beschlossen, würde ich Etienne selbst die Wahl überlassen. Ich hatte ihr mit Lilli einfach einen Partner vor die Nase gesetzt, ohne sie zu fragen, ob sie das wollte oder nicht. Das ist einer Ehe vergleichbar, ich kann auch keinen Menschen zwingen, einen anderen zu heiraten, ohne für diesen auch nur eine Spur Sympathie zu empfinden. In unseren Kulturkreisen jedenfalls ist das nicht möglich.

Zu diesem Zeitpunkt hatte ich noch genau 3 Monate bis zum Umzug Zeit für Etienne ein passendes Pferd zu finden. Ich wollte unbedingt erreichen, dass Etienne bereits beim Umzug einen neuen Partner hat, mit dem sie dann zusammen umziehen kann, so dass sich beide schon zuvor eine Weile kennenlernen konnten.

Und dieses Mal war mir das Glück hold. In einer anderen Gruppe in diesem Stall stand eine kleine schwarze spanische Stute. Sie war bis dato ca. ½ Jahr im Stall und hatte schon zahlreiche Reisen von Spanien über Köln, Berlin und Stuttgart hinter sich. Sie tat mir auch furchtbar leid, weil sich gleich zu Beginn ihrer Ankunft gezeigt hatte, dass sie einfach zu rangniedrig ist, um in größeren Gruppen leben zu können. Sie wurde nur gejagt, bekam nichts zu fressen, konnte sich vor lauter Furcht nicht hinlegen.

Sie sah aus, wie ein Häufchen Elend, viel zu mager, außerdem litt sie an Sommerekzem, ähnlich Neurodermitis beim Menschen, ausgelöst durch Stress. Die Besitzerin dieses Pferdes hatte gerade erst ihr viertes Kind bekommen. Die Stute war seinerzeit in Spanien eigentlich für die 12-jährige Tochter gedacht, aber wie das im Leben oftmals bei Teenies so ist, war das Interesse an dem Pferdchen schnell erloschen, so dass sich kaum jemand um das Pferd gekümmert hat, sie war mehr oder weniger sich selbst überlassen. Lustig war, dass ich damals bei der Ankunft dieser Stute gesagt habe, wenn ich nicht schon Etienne hätte, würde ich diese kleine Maus kaufen. Sie gefiel mir auf Anhieb.

Zufälligerweise bekam ich dann über 5 Ecken mit, dass die Besitzerin ebenfalls zum 30.06.2011 den Einstellvertrag gekündigt hatte und vor hatte, die Stute nach Köln zu bringen um sie dort über einen Bekannten verkaufen zu lassen. Als ich das hörte, griff ich sofort zum Telefon. Ich sagte Frau L., dass Estrella ein wahres Paradies erwarten würde und schilderte mein Vorhaben. Sie war natürlich begeistert, weil sie sich sicher war, dass dies die deutlich bessere Variante für Estrella wäre. Wir verblieben nun so, dass ich die nächsten 4 bis 6 Wochen beide Pferde zusammen auf eine Koppel bringen konnte, um zu sehen, wie sich beide miteinander vertragen. Sodann wollten wir uns über den Preis einigen.

Es war jetzt also an Etienne, mir zu zeigen, ob sie mit Estrella zu Recht kam oder nicht. Täglich brachte ich jetzt die beiden zusammen auf die Koppel und sah mir ihr Verhalten immer lange Zeit an. Sie schienen sich auf Anhieb zu verstehen. Ich wollte dann noch ganz sicher gehen und nahm nochmals Kontakt mit der Dame in der Schweiz auf, die mit Tieren kommuniziert. Ich schrieb ihr eine Mail, dass ich gerne nochmals eine Frage an Etienne hätte, dergestalt, ob sie sich vorstellen könne, künftig Estrella an ihrer Seite zu haben. Die Antwort kam prompt: Ich müsse Etienne gar nicht mehr fragen, sie habe sich schon entschieden. Mein Gefühl sagte mir auch, diesmal passt es genau. Etienne ist eine sehr ranghohe Stute, während Estrella sehr rangnieder ist. Etienne ist daher die eindeutige Chefin, wenn sie nur kurz die Ohren anlegt, weiß Estrella, dass sie weichen muss, so dass beide ihre Rollen gefunden haben. Ich machte dann noch den Kaufpreis für Estrella klar und ab April 2011 gehörte sie dann mir.

Die Entwicklung von Estrella ist ganz erstaunlich. Sie ist so aufgeblüht in der Zweisamkeit mit Etienne, legt sich vor Etienne schlafen, hat gut zugenommen und ist einfach nur glücklich. Zugegeben, sie hat einen gänzlich anderen Charakter als Etienne. Sie kennt keine Launen und ist unwahrscheinlich dem Menschen zugetan, was sich in ihrer Anhänglichkeit zeigt. Sie würde am liebsten abends mit mir ins Bett gehen, wenn sie das könnte. Dies ist wahrscheinlich aber der Grund, warum sich beide Pferde miteinander so gut verstehen, da sich Gegensätze bekanntermaßen ja anziehen.

Auch hier bin ich stolz, dass ich mich für ein Lebewesen einsetzen konnte, dessen Zukunft mit Sicherheit nicht rosig ausgesehen hätte, denn Estrella hat extreme Koordinationsprobleme mit ihren Beinen. Den Galopp beherrscht sie gar nicht, so dass die Käuferschicht dünn gesät gewesen wäre und sie am Ende dann vielleicht frühzeitig den Pferdehimmel gesehen hätte.

Kapitel 29

Startschuss ins Paradies

Die Zeit zwischen April und Ende Juni 2011 zog sich für mich wie Kaugummi. Ich wollte endlich den Stall verlassen, denn wie es so ist, wenn man gekündigt hat, ist man nicht mehr sonderlich angesehen, da ja gutes Geld flöten geht.

Was mich noch zusätzlich geärgert hatte, war die Tatsache, dass im April 2011 bereits strahlender Sonnenschein und angenehme Temperaturen herrschten, so dass beide ihre Zeit schon auf der Koppel hier in Rosengarten hätten verbringen können. In sämtlichen Ställen im Stuttgarter Raum beginnt die Weidezeit aber stets immer erst im Mai, auch wenn es im April noch so schön ist. Ich habe dann täglich bei allen Handwerkern Druck gemacht, sie mögen endlich vorwärts machen, damit wir kommen können, denn das Wohnhaus wäre längst bezugsfertig gewesen. Alles hing am Umbau vom Stall.

Ich habe Etienne und Estrella in dieser Zeit auch gut auf diesen Umzug vorbereitet. Etienne habe ich gesagt, dass sie jetzt noch ein allerletztes Mal in ihrem Leben umziehen muss, dass ich ihr aber verspreche, dass sie das Paradies erwarten würde, wo sie für immer und ewig bleiben dürfe. Dem Ganzen habe ich noch mit einer Mischung aus Bachblüten nachgeholfen, so dass ich mir sicher war, dass der Umzug dieses Mal für Etienne mit keinem Stress verbunden war. Bei Estrella machte ich mir hingegen gar keine Sorgen, denn sie konnte es ja nur noch besser treffen.

Am 21.06.2011 war es dann soweit. Ich hatte mir für 8.00 Uhr einen Pferdetransporter bestellt, dies auch deswegen zu so früher Stunde, weil ich wusste, dass um diese Uhrzeit noch nicht so viele Einsteller im Stall sind, die den Verladevorgang hätten beobachten können. Es kann hierbei durchaus sein, dass es Stunden dauert, bis ein Pferd in einen Hänger geht, wenn es diesen nicht gewohnt ist. Und Schadenfreude ist ja bekanntermaßen die schönste Freude. Mein guter Zuspruch der vergangenen Woche hat sich aber gleich ausgezahlt, beide waren innerhalb von 40 Minuten im Hänger und wir konnten losfahren.

Kapitel 30

Willkommen im 6 Sterne + Hotel

Meine gute Vorbereitung hat Wunder gewirkt, denn als Etienne aus dem Hänger stieg, hatte sie nicht eine einzige Schweißperle an ihrem Körper. Beim letzten Umzug kam sie klatschnass an. Nun war ich mir ganz sicher, dass Etienne jedes meiner Worte verstanden hat, so dass sie völlig selbstverständlich in ihr neues Domizil lief, als ob sie dort schon seit Jahren zuhause wäre. Ein großartiger Moment für mich, denn jetzt konnte ich die Früchte meiner intensiven Arbeit mit Etienne ernten.

Estrella war da schon etwas nervöser, was ja auch verständlich war, denn eine Beziehung zu ihr musste ich ja erst noch aufbauen. Ihr war die ganze Sache noch nicht geheuer. Sie profitierte in den ersten Wochen ungemein von der Ruhe von Etienne, die sie hier entwickelt hat; ich konnte sehr schnell beobachten, wie Estrella langsam zu sich fand. Etienne hat mit Estrella eine wirklich ausgezeichnete Wahl getroffen. Wenn man an die Liebe auf den ersten Blick glaubt, so darf man bei den zwei Damen hiervon sprechen. Estrella erfüllt ihre Rolle perfekt, sie ist nicht mehr so schüchtern, respektiert aber gleichzeitig, dass Etienne das Sagen hat und lässt ihr stets den Vortritt. Estrella liegt jetzt oft ganz entspannt am Boden neben Etienne, ein Verhalten, welches ich vor unserem Umzug ins Paradies nie bei ihr beobachten konnte. Ich freue mich auch so für Estrella, dass sie jetzt in der Lage ist, einfach einmal zu entspannen, ohne ständig auf der Flucht sein zu müssen. Ich bin stolz, dass ich auch ihr so ein würdevolles Leben bieten kann, das sie mit Sicherheit nie zuvor kannte.

Beide laufen wie selbstverständlich auf der ganzen Anlage umher, gehen ohne Halfter und Strick auf die Koppel, wenn ich sie hierzu auffordere. Vor kurzem kam Estrella auf die Terrasse als wir gerade beim Kaffee trinken saßen, so als wolle sie uns Gesellschaft leisten. So habe ich mir ein Leben mit dem Partner Pferd immer gewünscht. Es sind oft die kurzen Momente im Leben, die einen so glücklich machen. Meine Pferde leben nicht für sich, sondern sie leben mit mir, nach diesem Konzept wurde auch mein Stall geplant, egal wo ich mich auf meiner Anlage bewege, meine Pferde sind für mich sichtbar.

Da es im Stall auch einen direkten Zugang zur Reithalle gibt, kommt es auch durchaus vor, dass beide Pferde es sich über die Mittagszeit im schönen weichen Sand gemütlich machen, vor allen Dingen in den Sommermonaten, da es hier dann angenehm kühl ist. Gegen 14.00 Uhr klingelt täglich mein Pferdewecker, da Estrella dann durch lautstarkes Wiehern deutlich anzeigt, dass wieder Koppelgang erwünscht ist, denn der Mittagsschlaf ist ja nun beendet.

Hohenlohe bietet natürlich auch ein excellentes Ausreitgelände, so dass hier ausgiebige Ritte möglich sind. Auch hier war mir wieder das Glück insofern hold, dass unmittelbar neben mir ein junges Mädchen wohnt, die ganz gut mit Estrella zurecht kommt, so dass wir hier immer mit beiden Pferden gleichzeitig ausreiten können und dies über mehrere Stunden hinweg.

Da beide Pferde mittlerweile so aneinander hängen, ist es mir nämlich nicht möglich, mit beiden einzeln auszureiten, da das Pferd, welches im Gelände ist, mit hohem Tempo bei Zeiten wieder in den Stall zurückdrängt und das Pferd, welches im Stall zurückbleiben muss, so lange schreit und hektisch hin und her marschiert, bis der Partner wieder zurück ist. Ich darf gar nicht darüber nachdenken, was passiert, wenn die beiden einmal aus irgend einem Grunde getrennt werden müssten. Das verdränge ich und genieße das Jetzt.

Diesen 21.06.2011 werde ich nie vergessen. Ich konnte es in der ersten Nacht kaum glauben, dass Etienne jetzt nur 3 bis 4 Meter von mir entfernt schläft und mein Lebenstraum in Erfüllung gegangen ist. Viele Dinge im Leben verblassen mit der Zeit, weil sie zu Selbstverständlichkeiten werden; wenn man sich z. B. ein neues Auto anschafft, freut man sich am Anfang tierisch darüber und hütet es wie einen Augapfel. Mit der Zeit verfliegt aber diese Freude, man registriert sie gar nicht mehr. Ich hingegen stehe jeden Morgen mit dem gleichen guten Gefühl auf, dass ich jetzt gleich zu meinen beiden Freundinnen hinüber laufe und sie erst einmal ausgiebig begrüße, was mit einem leisen Brummeln erwidert wird.

Kapitel 31

Pferdehaltung

Da ich durch mein Tierpsychologiestudium schon viel über die Haltung von Pferden gelesen hatte, hatte ich keinerlei Bammel davor, dass es mir nicht gelingen würde, meine beiden Damen so zu halten, dass sie nicht nur psychisch gesund sind, sondern auch körperlich.

Zur Pferdehaltung gehört natürlich nicht nur die tägliche Arbeit mit dem Pferd, sondern auch die Fütterung, das Misten, die Einhaltung der Impftermine, die Gabe von Wurmkuren, die Bearbeitung der Weiden, die Termine mit dem Huforthopäden, die Futterbeschaffung, die Entsorgung des Mists usw. Hier hat man in der Tat eine ganze Menge Arbeit.

Wie ich bereits erwähnt habe, wohnen wir nun beinahe 1 Jahr hier und ich habe - außer zu den Impfterminen und der Zahnpflege - noch keinen Tierarzt benötigt. Dies war zu Zeiten, als Etienne noch in den einzelnen Ställen war, gänzlich anders. Hier gab es Phasen, in denen ich mit dem Tierarzt darüber sinnierte, ob ich nicht ein Dauerabonnement buchen sollte, damit es günstiger für mich würde. Etienne fuhr hier das volle Programm, einmal hatte sie Kolik, dann wieder Durchfall, dann Bronchitis, Einschuss, dicke Beine usw. Was die dicken Beine angeht, so musste ich sie während der Zeit der Boxenhaltung jeden Abend bandagieren, weil sie sonst am nächsten Morgen geradezu Elefantenfüße hatte. Der Tierarzt war damals schon so weit, eine Gelenkspülung bei Etienne vorzunehmen, was mich gut und gerne wieder weit über 1.000,- Euro gekostet hätte. Seit Etienne sich den ganzen Tag frei nach Lust und Laune bewegen kann, hat sie nie mehr ein dickes Bein gehabt.

Ich vertrete im Rahmen meiner anwaltlichen Tätigkeit die Mitglieder eines größeren Verbandes. Ich bekomme von den Mitgliedern, die meinen Rat ersuchen oftmals die selbe Frage gestellt, nämlich kann ich den Einstellvertrag fristlos kündigen, da mein Pferd aufgrund mangelnder Hygiene im Stall Strahlfäule hat, aufgrund schimmeligen Heus oder Strohs zu Kolik oder Durchfall neigt. Etienne war damit kein Einzelfall.

Die Tatsache, dass Etienne heute auch körperlich top fit ist, zeigt mir, dass ich auch in Sachen Pferdehaltung den richtigen Weg gehe. Außerdem trägt natürlich die hier herrschende Ruhe und der immer gleich herrschende Rhythmus, ich halte genauestens die Fütterungszeiten ein und die Tatsache, dass beide Pferde keinen Stressfaktoren unterliegen, zu deren Wohl bei.

Kapitel 32

Achtsamkeit

Um auf Dauer ausgeglichen und zufrieden zu sein, sollte man sich immer wieder eine Auszeit nehmen. Viele Menschen bewerkstelligen dies dadurch, dass sie alle paar Wochen oder Monate in den Urlaub fahren. Mein Mann erreicht dies dadurch, dass er von Zeit zu Zeit eine Woche in ein Kloster fährt und sich dort seine Auszeit nimmt, sei es in Form von Bogenschießen oder Meditation. OK, das halte ich für völlig in Ordnung.

Die Tatsache, dass Urlaub gar nicht mein Thema ist, habe ich schon vor vielen Jahren bemerkt. Ich habe stets die Tage gezählt, um wieder nach Hause fahren zu können. Ich persönlich sehe auch keinen Sinn darin, jeden Tag zu ackern und zu rackern und zu warten, bis ich vielleicht einmal im Jahr 14 Tage in Urlaub fahren kann, um dann vor Ort mit allen möglichen gesundheitlichen Querelen zu kämpfen habe.

Es ist ja auch medizinisch erwiesen, dass die Menschen gerade dann krank werden, wenn der Stress nachlässt, so dass man den Urlaub oftmals überhaupt nicht genießen kann und dort krank im Bett liegt.

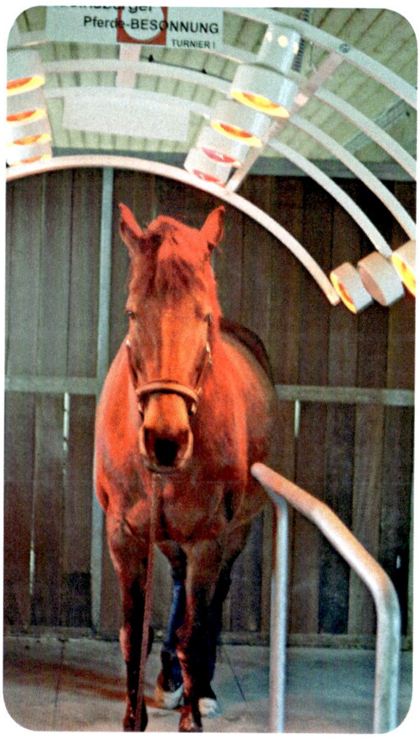

Ich nehme mir täglich meine Auszeit mit Etienne. Mittlerweile habe ich mir ein Pferdesolarium angeschafft und mir ungefähr 43 CDs mit Entspannungsmusik gekauft, darunter Musik aus den Anden und Panflötenklänge. So nehme ich mir täglich eine Stunde Zeit, stelle mich neben Etienne unter das Solarium und wir beide lauschen der wohlklingenden Musik. Dies ist ein Gefühl tiefster Entspannung.

Sollte während dieser Zeit mal der Papst anrufen und mich um die Übernahme eines Mandates bitten, so hat er eben Pech gehabt, denn diese Zeit gehört ausschließlich mir und Etienne. Hier dulde ich keinerlei Störung.

Mein Pferd beginnt binnen kurzer Zeit zu kauen, den Kopf zu senken, sie gähnt und Sie werden es nicht glauben, manchmal weint sie auch. Ich bin dann jedes Mal so gerührt, dass ich vor lauter Freude auch weinen muss. Ich lege dann meinen Kopf ganz dicht an ihren Kopf und sie lässt die Nähe zu. Ich kann dann, wenn ich die Augen schließe, jede Ader, die Etienne im Gesicht trägt vor mir sehen und spüre und rieche dabei ihren Atem.

Ich bin mir sicher, dass wenn ich 20 Pferde vor mir hätte, würde ich Etienne alleine an ihrem Atem erkennen. Eine Option für Wetten dass.

Solange ich mich nicht auf die Entspannung einlassen kann, kann Etienne das auch nicht. Immer dann ist sie zunächst unruhig und läuft aus dem Solarium heraus. Wenn ich dann innerlich bereit bin, wird auch Etienne ganz ruhig und ich flüstere ihr zu, sie solle sich nun ganz tief entspannen.

Mittlerweile bin ich soweit mit Etienne, dass ich mich zu ihr auf den Boden in der Reithalle setze, wenn sie dort sitzt. Sobald ich mich neben sie setze, legt sie ihren Kopf auf meinen Schoß. Ich kann meinen Kopf auf ihre Stirn legen und ihr Kopf wird immer schwerer dabei, weil sie ganz tief entspannt ist und die Nähe zu mir genießt. Ich weiß noch, wie ich zu meinem Mann vor unserem Umzug hierher gesagt habe, es wäre toll, wenn ich es noch erleben könnte, dass sich Etienne in der Halle hinlegt, wenn wir Musik zusammen hören. Dass Etienne sich nun hinlegt ist für sie ein Zeichen ihres großen Vertrauens zu mir, denn ein solch stolzes Pferd, wie es Etienne ist, würde dies ansonsten niemals tun. Jedes Mal, wenn ich mit Etienne diese Auszeit genommen habe, fühle ich mich danach unendlich befreit. Nach diesem Gefühl der inneren Zufriedenheit habe ich lange gesucht, seit genau 43 Jahren. Ich habe diesen Zustand ausschließlich meinem Pferd zu verdanken. Ein größeres Geschenk hätte sie mir nicht machen können.

Wenn ich früher oft in den Ställen manche Damen mit ihrem Pferd beobachtet habe, habe ich mich überhaupt nicht gewundert, warum in diesem oder jenen Fall überhaupt keine Beziehung entstehen konnte. Da wurde oft völlig überdreht auf das Pferd eingeredet, ja sogar hysterisch richtig gehend geschrien, immer war das Pferd schuld, wenn es beim Reiten nicht geklappt hat. Wahrscheinlich habe ich das früher auch gemacht und ich musste zunächst einmal lernen, mich in Balance zu bringen. Heute rede ich ganz leise mit Etienne, ja ich flüstere nahezu.

Ich kann nur jedem raten, der sich eine gute Beziehung zu seinem Pferd wünscht, werden Sie zunächst selbst gelassen, stellen Sie Ihre hohen Anforderungen auf ein vernünftiges Niveau und schauen Sie genau hin, was Ihnen Ihr Pferd von selber anbietet. Ich ein Mensch, der ständig ruhelos und rastlos war, immer wieder neue Impulse brauchte, keine 10 Minuten ruhig da sitzen konnte, ohne auch nur irgendetwas zu tun, habe mich dieser Herausforderung auch gestellt. Hierbei hat mir Etienne auch geholfen, Sie brauchen gar nicht erst zu versuchen, eine Beziehung zu Ihrem Pferd aufzubauen, wenn Sie wollen, dass diese auch echt und nicht nur oberflächlich ist, wenn Sie nicht lernen, selbst gelassen zu werden.

Geben Sie nie Ihrem Pferd die Schuld, es spiegelt nur Ihre eigene Verfassung wieder und beginnen Sie bei sich selbst mit der Suche nach dem Fehler.

Sind Sie doch mal ehrlich zu sich selbst. Haben Sie schon einmal einen ganzen Tag mit ihrem Pferd verbracht? Damit meine ich, dass sie sich einfach an den Rand gesetzt haben und Ihr Pferd dabei beobachtet haben wie es sich verhält. Wahrscheinlich nicht. Ich empfehle das unbedingt. Ich sitze sehr oft an der Koppel oder sogar bei den beiden im Stall und beobachte nur. Sie werden viele bislang unentdeckte Seiten an Ihrem Pferd erkennen und werden selbst ganz ruhig und entspannt dabei. Das bringt Ihnen mehr als jede Shopping-Tour durch eine Großstadt, die wir Frauen doch so lieben. Am Ende haben wir wieder eine Handtasche oder ein paar Schuhe mehr im Schrank, aber bringt uns das letztlich weiter?

Sicherlich werden jetzt viele von Ihnen sagen, die hat gut reden, die kann ja den ganzen Tag mit ihrem Pferd verbringen und muss auf niemand Rücksicht nehmen. Sicher, da gebe ich Ihnen Recht, dass ist schon ein großer Vorteil, den ich auch zu schätzen weiß. Letztlich aber kommt es nicht unbedingt auf die Quantität an, sondern auf die Qualität. Ein Pferd hat kein Zeitgefühl. Sie müssen doch nach der Arbeit nicht immer reiten, warum setzen sie sich mit Ihrem Pferd nicht einfach auf eine Wiese und entspannen sich dabei. Ich glaube, Ihr Pferd wird es Ihnen danken. Machen Sie sich frei von dem was andere vielleicht über Sie denken, denn das bringt Sie in Ihrer Beziehung zu Ihrem Pferd nicht weiter.

Kapitel 33

Was ist eigentlich Glück?

Sicherlich wird das jeder Mensch anders für sich definieren und das ist auch gut so.

Für mich ist Glück nicht, wenn ein Richter zu mir sagt, Sie haben einen glänzenden Vortrag in Ihrem Schriftsatz gebracht, oder wenn ein Mandant zu mir sagt, toll wie Sie den Prozess für mich gewonnen haben. Früher hätte das für mich vielleicht Glück bedeutet, heute mache ich mich nicht mehr abhängig von Aussagen anderer Menschen - sowohl im Guten als auch im Bösen -, weil ich weiß, dass das morgen schon ganz anders sein kann.

Als ich vor vielen Jahren noch am Anfang meiner Karriere stand, hatte ich einen Mandanten, der eine größere Firma besass und für seine Streitsüchtigkeit bekannt war. Dieser Mann hat mich in vielerlei Hinsicht ausgebeutet, ja teilweise sogar ausgelaugt. Er bemerkte aufgrund seiner Lebenserfahrung, er war damals schon 70 Jahre alt, sehr schnell, dass er in mir jemanden gefunden hatte, der seinerzeit noch für wenig Geld bereit war, alles mitzumachen. So fuhr ich mit ihm, wenn es sein musste, noch um 22.00 Uhr zu Besprechungen, mehrmals in der Woche zitierte er mich in seine Firma, dazu rief er unvermittelt eine Stunde vorher an und das Ganze für ein Butterbrot. Ab und an lud er mich dann in sämtliche Gourmet-Lokale der Region ein und dachte, damit sei das Honorar abgedeckt. Da ich mir nicht sonderlich viel aus kulinarischen Genüssen mache, hätte ich deutlich mehr davon gehabt, wenn ich ein ordentliches Honorar erhalten hätte. So kam es auch, dass ich irgendwann - das Jahr weiß ich gar nicht mehr - zu Silvester mit ihm zu Mittag gegessen hatte. Hier äußerte er, diesen Wortlaut werde ich zeit meines Lebens nicht vergessen „wenn ich meine Frau Schweizer einmal nicht mehr habe, dann hänge ich mich gleich auf". Keine zwei Monate später, versuchte er mich in die Anwaltshaftung zu nehmen. Anwaltshaftung ist sozusagen der neueste Sport. Wenn ein Mandant beispielsweise einen Prozess verliert, stellt er Überlegungen an, ob vielleicht nicht der Anwalt bei der Führung des Prozesses etwas falsch gemacht hat, vielleicht weil er vergessen hat, einen Punkt im Vortrag des Gegners zu bestreiten oder gar einen Zeugen nicht benannt hat. Da jeder Anwalt eine sogenannte Berufshaftpflichtversicherung haben muss, hofft er dann, wenn er den Anwalt verklagt, dass ihm die Richter recht geben, mit dem Hintergedanken, die Versicherung muss dann bezahlen. In meinem Fall warf mir dieser ältere Herr vor, ein arbeitsrechtliches Mandant nicht ordentlich geführt zu haben, bei dem es um die Kündigung einer alkoholabhängigen Angestellten ging. Er wollte 50.000,- Euro von mir haben, dann wäre die Sache erledigt. Sein Anspruch war nicht begründet und er erhielt nichts.

Aufgrund seiner Streitsucht, ist diesem Mann - ich habe schon Jahre lang keinen Kontakt mehr zu ihm - nicht viel geblieben, seine Ehe ging in die Brüche, das gesamte Vermögen gehörte seiner Frau, so dass er sich heute in Bescheidenheit üben muss. Ein

Umstand, der für einen Menschen nur schwer auszuhalten ist. Es ist einfacher vom Tellerwäscher zum Millionär zu werden als umgekehrt. Würde ich ihm heute nochmals begegnen, würde ich ihm sagen, dass ich ihm längst verziehen habe, da ich der Meinung bin, dass dies auch mit zur Größe eines Menschen gehört. Früher war ich sehr nachtragend und konnte nur schwer verzeihen, auch hier hat mich Etienne eines besseren belehrt. Sie hat mir schon unzählige Male verziehen und bei jedem Fehler, den ich auch heute durchaus noch ab und an mache, verzeiht sie mir wieder.

Glück ist auch nicht, sich jedes Jahr ein neues Auto zu kaufen, oder sich einen Ring oder ein Armband aus der neuen Wellendorff-Kollektion „herauszulassen" wie man neuerdings sagt. Mein einziges Schmuckstück ist außer meinem Ehering ein Armband hergestellt aus den Schweifhaaren von Etienne mit einer goldenen Hülse, die den Namen meines Pferdes trägt. Dieses Band hat einen materiellen Wert von 105,- Euro, ist aber mein wertvollstes Stück, das ich in alle Ewigkeit tragen werde.

Mein ganz persönliches Glück ist es, wenn ich abends den Stall schließe in der Gewissheit, dass ich Etienne - und Estrella möchte ich an dieser Stelle auch nicht vergessen - erneut einen schönen Tag geschenkt habe und mir beide zeigen, wie dankbar sie mir dafür sind, indem sie mir täglich ihre Zuneigung geben und mir zeigen, dass sie mich lieben. Dieses unbeschreiblich gute Gefühl, bedeutet für mich das absolute Glück, denn ich weiß, es ist echt. Tiere lügen nicht. Wenn ich dann morgens um 7.00 Uhr wieder zu meinen Damen hinüber gehe und sie mich beide schon freudig anwiehern, ist dieses Glücksgefühl dann wieder da.

Kapitel 34

Etienne, der Spiegel meiner Seele

Sicherlich werden jetzt manche von Ihnen denken, die hat bestimmt keine Kinder, sonst würde die nicht so ein Theater um ein Pferd machen. Das ist wohl eine Art Kinderersatz. Hier muss ich Sie enttäuschen. Ich habe zwar in der Tat keine Kinder, Etienne ist aber für mich kein Kindererersatz. Ich habe außer Etienne ja noch Estrella, die kleine spanische Stute und auch eine französische Bulldogge. Zu beiden Tieren habe ich ein gänzlich anderes Verhältnis als zu Etienne. Sowohl mein Hund Artax als auch meine Stute Estrella haben mir bis zum heutigen Tag noch keine Sekunde Anlass gegeben, mich über sie zu ärgern oder böse auf sie zu sein, ganz im Gegensatz zu Etienne. Ich mag Artax und Estrella sehr, die Beziehung zu beiden ist aber lange nicht so emotional und tief.

Heute kenne ich den Grund für diese starke Bindung zu Etienne. Etienne ist mir in ihrem Charakter sehr ähnlich. Sie zeigt mir in ihrem Verhalten ganz klar meine Schwächen auf, sie ist sozusagen der Spiegel meiner Seele. Etienne will mich glücklich sehen, bin ich traurig, ist sie es auch, dabei kann sie auch aggressiv werden. Dies ist leider auch eine meiner Eigenschaften.

Wenn ich Etienne reite und mich hineinsteigere, wenn sie einen Fehler macht oder eben nicht so läuft, wie ich es gerne hätte, macht sie komplett dicht, als ob sie mir sagen will, „komm Du mal wieder runter", sonst geht hier gar nichts mehr. Etienne unterliegt den gleichen Stimmungsschwankungen wie ich; ihre Launen können sich an einem Tag mehrfach ändern, dies ist bei mir nicht anders. Ich habe, zumal ich jetzt mehr oder weniger den ganzen Tag zusammen bin, das Gefühl Etienne und ich sind seelenverwandt.

Wenn ich den Eindruck habe, Etienne geht es heute nicht so gut, dann beginne ich zu der Musik zu tanzen. Ich kann dann förmlich spüren, wie sich ihre innere Anspannung löst und sie fröhlicher wird, sie brummelt dann fröhlich los und läuft mit mir im Takt der Musik mit.

Ich weiß, dass es in meinem Leben eine so große Liebe nicht mehr geben wird. Allein der tägliche Anblick dieses stolzen Tieres, macht mich unheimlich glücklich. Ich vertraue Etienne heute blind, gehe sogar unter ihrem Bauch hindurch und habe keine Angst, sie könne mir irgendetwas tun, da ich ihr keinerlei Angriffsfläche mehr biete. Ich verstehe sie heute und gehe auf ihre Bedürfnisse ein und das weiß sie auch.

Kapitel 35

Mein Weg mit Dir wird auch irgendwann zu Ende gehen

Leider kann ich die Uhr nicht zurückdrehen und all meine Erfahrungen, die ich heute um das Wissen der Pferde habe, an den Anfang meiner Zeit mit Etienne setzen. Dann hätten wir noch weitere 7 schöne Jahre gehabt. Diese wurden uns genommen, durch Menschen, die meine Unerfahrenheit im Umgang mit Pferden ausgenutzt haben und denen Gefühle, Wünsche von Etienne egal waren, Hauptsache sie hatten in mir eine nicht versiegende Geldquelle gefunden. Folgen hatte dies für all diese Menschen keine. Denn hier gibt es ja keine Anwaltshaftung.

Ein Warmblutpferd kann bis zu 30 Jahre alt werden. Etienne ist heute 16 Jahre alt, so dass ich zu hoffen wage, dass sie mich noch lange auf meinem täglichen Weg begleiten wird. Sicher ist im Leben aber gar nichts, außer der Gewissheit, dass jedes Lebewesen eines Tages unsere Erde verlässt. Die einen früher, die anderen später. Dabei wird keiner gefragt, ob das gerecht ist oder nicht.

Darum verstehe ich auch nicht, warum manche Menschen sich so ungemein wichtig nehmen, denn jeder ist ersetzbar und gerade in unserer schnelllebigen Zeit geht das ruck zuck. Mir ist bewusst, dass wenn ich morgen nicht mehr auf dieser Erde wäre, manch einer sagen würde „schade darum, aber meine Verträge müssen trotzdem geprüft werden", so dass übermorgen schon ein anderer Anwalt damit beauftragt wäre. Zu dieser Erkenntnis muss man aber erst einmal kommen, ich bin froh, dass ich hierzu nur 44 Jahre gebraucht habe, denn sonst hätte ich nie begonnen so bewusst zu leben wie jetzt. Ich wäre täglich weiter gerannt wie ein Hamster im Laufrad und die Zeit wäre nur so an mir vorbeigegangen. Viele Menschen verstehen das erst am Ende ihres Lebens und dann ist es zu spät.

Ich weiß, dass der Moment des Ablebens von Etienne einer der schwersten in meinem Leben sein wird, aber ich werde es akzeptieren müssen, wenn Etienne gehen will und werde loslassen. Was mir bleibt ist dann die Hoffnung, dass Etienne mir zuflüstern wird, „unser gemeinsamer Weg war schön, danke dass wir ihn zusammen gehen durften".

Ganz bestimmt werde ich dann im Moment des Abschieds sagen können, dass es die richtige Entscheidung in meinem Leben war, an Etienne zu glauben und sie trotz des schweren Unfalls, den ich erlitten habe, zu mir zurückgeholt habe. Ich würde jeder Zeit genau so wieder handeln, denn jeder Tag ohne Etienne wäre ein verlorener Tag in meinem Leben gewesen und ich hätte nie gelernt zu leben. Sollten wir uns dann in einem anderen Leben wieder begegnen, meine liebe Etienne, wäre es nur gerecht, wenn ich Dich dann tragen dürfte. Ich werde Dich niemals vergessen, denn Du warst mein Leben.

Kapitel 36

Was ich noch zu sagen habe ...

Vielleicht ist jetzt so mancher von Ihnen, der noch kein Pferd besitzt, so beeindruckt von meiner Geschichte, dass er morgen gleich loszieht und sich auf die Suche nach einem so wundervollen Partner macht und damit auch sein großes Glück findet.

Aber egal, ob Sie nun Pferdebesitzer sind oder nicht, bleiben Sie stets gelassen und klinken sich täglich für wenigstens 10 Minuten aus dieser hektischen und lauten Welt aus. Wie Sie das machen, bleibt Ihnen selbst überlassen, ich habe Ihnen nur einen von vielen Wegen gezeigt.